Peter Böttle/Gerd Fehmel
Formeln und Tabellen Elektrotechnik

Die Meisterprüfung

Dipl.-Ing. Peter Böttle
Dipl.-Ing. Gerd Fehmel

Formeln und Tabellen Elektrotechnik

5., überarbeitete Auflage

Vogel Buchverlag

Die Deutsche Bibliothek – CIP-Einheitsaufnahme

Böttle, Peter:
Formeln und Tabellen Elektrotechnik /
Peter Böttle; Gerd Fehmel. –
5. Aufl. – Würzburg: Vogel, 2000
(Vogel-Fachbuch: Die Meisterprüfung)
ISBN 3-8023-1818-8

ISBN 3-8023-1818-8
5. Auflage. 2000
Alle Rechte, auch der Übersetzung, vorbehalten.
Kein Teil des Werkes darf in irgendeiner Form
(Druck, Fotokopie, Mikrofilm oder einem anderen
Verfahren) ohne schriftliche Genehmigung des
Verlages reproduziert oder unter Verwendung
elektronischer Systeme verarbeitet, vervielfältigt
oder verbreitet werden. Hiervon sind die in §§ 53,
54 UrhG ausdrücklich genannten Ausnahmefälle
nicht berührt.
Printed in Germany
Copyright 1991 by Vogel Verlag und Druck
GmbH & Co. KG, Würzburg.
Satz: Satz-Offizin Hümmer GmbH,
Waldbüttelbrunn
Druck und Verarbeitung: Wilhelm Röck, Weinsberg

Vorwort

Diese Formel- und Tabellensammlung aus der Elektrotechnik ergänzt die Fachbuchgruppe «Die Meisterprüfung in der Elektrotechnik». Vorbild war die über vier Jahrzehnte weiterentwickelte «Hausformelsammlung» der Bundesfachlehranstalt für Elektrotechnik (bfe) in Oldenburg. Ihre kompakte und übersichtliche Form fand bei vielen Ausbildungsstätten und Prüfungskommissionen reges Interesse und führte zu der vorliegenden Fassung. Sie wurde absichtlich so kurz wie möglich gehalten, damit

☐ die Handhabung praktisch ist und
☐ sie auch in Prüfungen und Klausuren eingesetzt werden kann, in denen keine Unterlagen mit Musteraufgaben zugelassen sind.

Um den Überblick nicht zu verlieren, wurde bewußt darauf verzichtet, die Formeln für jede Größe umzustellen. Das «Internationale Einheitensystem (SI)» fand konsequent Anwendung.

Die Beschäftigten in den energietechnischen Elektroberufen mit den heute selbstverständlich dazugehörenden Elektronikanteilen sind die hauptsächliche Zielgruppe der Formelsammlung.

Oldenburg und Würzburg   Verfasser und Verlag

In der Fachbuchreihe «Die Meisterprüfung in der Elektrotechnik» sind bisher erschienen:

Böttle/Friedrichs: Mathematische und elektrotechnische Grundlagen

Boy/Dunkhase: Elektro-Installationstechnik

Fehmel/Flachmann/Mai: Elektrische Maschinen

Baade/Böttle/Friedrichs: Hausgeräte-, Beleuchtungs- und Klimatechnik

Böttle/Boy/Clausing: Elektrische Meß- und Regelungstechnik

Dugge/Eißner: Grundlagen der Elektronik

Böttle/Friedrichs: Aufgaben und Ergebnisse Elektrotechnik

Boy/Bruckert/Wessels: Elektrische Steuerungs- und Antriebstechnik

Böttle/Fehmel: Formeln und Tabellen Elektroniktechnik

Siegismund: Werkstoffkunde

Ebenfalls im Vogel Buchverlag sind in der Fachbuchreihe «Elektronik» erschienen:

Klaus Beuth/Olaf Beuth: Elementare Elektronik

Heinz Meister: Elektrotechnische Grundlagen
(Elektronik 1)

Klaus Beuth: Bauelemente
(Elektronik 2)

Klaus Beuth/Wolfgang Schmusch: Grundschaltungen
(Elektronik 3)

Klaus Beuth: Digitaltechnik
(Elektronik 4)

Helmut Müller/Lothar Walz: Mikroprozessortechnik
(Elektronik 5)

Wolfgang Schmusch: Elektronische Meßtechnik
(Elektronik 6)

Klaus Beuth/Richard Hanebuth/Günther Kurz: Nachrichtentechnik
(Elektronik 7)

Wolf-Dieter Schmidt: Sensorschaltungstechnik
(Elektronik 8)

Inhaltsverzeichnis

Vorwort 5

1 **Größen, Formelzeichen und Einheiten** 11
   1.1 Raumgrößen 11
   1.2 Zeitgrößen – zeitabhängige Größen 11
   1.3 Mechanische Größen 12
   1.4 Wärmetechnik (Thermodynamik) 12
   1.5 Elektrische Größen 13
   1.6 Magnetische Größen 14
   1.7 Lichtgrößen 15

2 **Mathematische und andere Zeichen** 16
   2.1 Mathematische Zeichen 16
   2.2 Vorsätze bei Einheiten 17
   2.3 Griechisches Alphabet 18

3 **Flächen- und Körperberechnung** 19

4 **Winkelfunktionen am rechtwinkligen Dreieck** 22

5 **Mechanik** 23
   5.1 Geometrische Addition von Kräften 23
   5.2 Hebelgesetz, Drehmoment 23
   5.3 Übersetzung, Getriebe 23
   5.4 Masse (Gewicht), Dichte, Volumen 24
   5.5 Drahtlänge einer Spule 24
   5.6 Kinematik 25
   5.7 Dynamisches Grundgesetz 26

6 **Grundbegriffe der Elektrotechnik** 27

7 **Schaltungen mit ohmschen Widerständen** 29
   7.1 Gesetze der Parallelschaltung 29
   7.2 Gesetze der Reihenschaltung 30
   7.3 Ersatzschaltbild einer Spannungsquelle 30
   7.4 Spannungsteiler 31
   7.5 Wheatstone-Brückenschaltung 32

8 **Temperaturbeiwerte des elektrischen Widerstands** 33

9 **Elektrisches Feld, elektrische Kapazität (Kondensator)** . 34

10 **Magnetisches Feld, Induktivität (Spule)** 35
   10.1 Magnetische Größen 35
   10.2 Kraftwirkung des magnetischen Feldes 36
   10.3 Magnetisierungskennlinien 37

11 Wechselstromtechnik ... 38
11.1 Wechselstromgrößen ... 38
11.2 Zusammenschaltungen von Induktivitäten oder Kapazitäten ... 40
11.3 Wechselstromschaltungen ... 41
    11.3.1 Reihenschaltungen von R, X_L und X_C ... 41
    11.3.2 Parallelschaltungen von R, X_L und X_C ... 42
    11.3.3 Blindleistungskompensation (Parallelkompensation) ... 43
    11.3.4 Verbraucher am Dreiphasenwechselspannungsnetz (Drehstrom) ... 44
11.4 Vierpole an sinusförmiger Wechselspannung ... 45
    11.4.1 Kapazitiver Spannungsteiler ... 45
    11.4.2 Frequenzkompensierter ohmsch-kapazitiver Spannungsteiler ... 45
    11.4.3 Hochpässe und Tiefpässe ... 45
    11.4.4 RC-Glied als Phasenschieber ... 46
    11.4.5 Siebglieder ... 47
    11.4.6 Schwingkreis im Resonanzfall ... 48

12 Elektrische Maschinen ... 49
12.1 Transformator ... 49
12.2 Drehfeldmotor ... 50

13 Schaltvorgänge im Gleichstromkreis mit Kondensator ... 51
13.1 Ladung/Entladung einer Kapazität mit konstantem Strom ... 51
13.2 Ladung/Entladung einer Kapazität an konstanter Spannung ... 51
13.3 Entladung einer Kapazität ... 52
13.4 Schaltvorgang im Gleichstromkreis mit einer Induktivität ... 52
13.5 Normierte Exponentialfunktionen ... 53

14 Effektivwerte und arithmetische Mittelwerte ... 54
14.1 Von Wechsel- und Mischspannungen ... 54
14.2 Effektivwert nach Phasenanschnitt ... 56
14.3 Leistungsminderung durch Wellenpaketsteuerung ... 56

15 Installationstechnik ... 57
15.1 Schutzarten ... 57
15.2 Schutzmaßnahmen ... 57
15.3 Potentialausgleich ... 59
15.4 Leitungs-, Kabelbemessung ... 59
15.5 Verlegearten ... 62
15.6 Strombelastbarkeit ... 63
15.7 Kurzschlußschutz ... 67
15.8 Antennenanlagen ... 69

16 Pegel und Dämpfung ... 72

17 Wärmetechnik ... 73
17.1 Wärmearbeit, Temperaturerhöhung ... 73
17.2 Wärmebedarf von Räumen ... 74
17.3 Wärmewiderstand, Verlustleistung, Kühlkörper ... 76

18 Beleuchtungstechnik ... 78

19	**Elektronik**	**80**
19.1	Halbleiterbauelemente	80
	19.1.1 Veränderliche Widerstände	80
	19.1.2 Dioden	81
	19.1.3 Transistoren	82
	19.1.4 Thyristoren	82
19.2	Gleichrichterschaltungen	85
	19.2.1 Gleichrichterschaltungen mit Ladekondensator	85
	19.2.2 Gleichrichterschaltungen mit ohmscher und induktiver Last	86
	19.2.3 Spannungsverdoppler und Vervielfacherschaltungen	88
	19.2.4 Steuerkennlinien u. Schaltungen gesteuerter Gleichrichterschaltungen	89
19.3	Spannungsstabilisierung	91
	19.3.1 Mit Z-Diode und Vorwiderstand	91
	19.3.2 Mit Z-Diode und Längstransistor	92
19.4	Bipolartransistor als Schalter	93
19.5	Linearverstärker mit Transistoren	93
	19.5.1 Nf-Verstärker mit Bipolartransistor in Emitterschaltung	93
	19.5.2 Impedanzwandler mit Bipolartransistor in Kollektorschaltung	95
	19.5.3 Nf-Verstärker mit FET in Sourceschaltung	96
	19.5.4 Sperrschicht-FET in Drainschaltung	97
19.6	Operationsverstärker	98
	19.6.1 Kenndaten von Operationsverstärkern	98
	19.6.2 Invertierender Verstärker	99
	19.6.3 Nichtinvertierender Verstärker	99
	19.6.4 Impedanzwandler (Spannungsfolger)	99
	19.6.5 Summierender Verstärker (Addierer)	99
	19.6.6 Subtrahierender Verstärker (Differenzverstärker)	100
	19.6.7 Schmitt-Trigger (invertierend)	100
	19.6.8 Integrierender Verstärker (Integrierer)	100
	19.6.9 Differenzierender Verstärker (Differenzierer)	101
	19.6.10 Konstantspannungsquelle	101
	19.6.11 Konstantstromquelle	101
20	**Funktionssymbole der Digital- und Steuerungstechnik**	**102**
20.1	Verknüpfungsglieder	102
20.2	Bistabile Kippglieder	103
20.3	Monostabile Kippglieder, Verzögerungsglied	105
20.4	Zähler, Schieberegister (Beispiele)	106
20.5	Automatisierungstechnik (Befehlsdarstellung)	107
21	**Tabellen**	**110**
21.1	Materialkonstanten einiger Stoffe	110
21.2	Internationale Normreihen	111
21.3	Internationale Farb-Kennzeichnungen von Widerständen und Kondensatoren	111
21.4	Kennzeichnung von Kondensatoren	112
21.5	Bezeichnungsschema für Halbleiterbauelemente nach dem Proelektron-Typenschlüssel	112
Stichwortverzeichnis		**115**

1 Größen, Formelzeichen und Einheiten

Größe	Formelzeichen	Einheitenzeichen	Erklärung

1.1 Raumgrößen

Größe	Formelzeichen	Einheitenzeichen	Erklärung
Strecke, Länge, Durchmesser	$s; l; d$	m	Meter
Fläche	A	m^2	Quadratmeter
Volumen	V	m^3	Kubikmeter
Winkel	$\alpha; \beta; \gamma; \varphi$	rad; °	Radiant; Grad $1° = \dfrac{\pi}{180}$ rad

1.2 Zeitgrößen – zeitabhängige Größen

Größe	Formelzeichen	Einheitenzeichen	Erklärung
Zeit, Zeitspanne	t	s	Sekunde
Periodendauer, Umlaufzeit	T	s	
Zeitkonstante	τ	s	
Frequenz	f	$1\,Hz = s^{-1}$	Hertz, Schwingungen pro Sekunde
Kreisfrequenz, Winkelgeschwindigkeit	ω	s^{-1}	
Umdrehungsfrequenz (Drehzahl)	n	s^{-1} (min^{-1})	Umläufe pro Sekunde $s^{-1} = 60/min$
Phasenverschiebungswinkel	φ	°	Grad
Geschwindigkeit	v	m/s	Meter pro Sekunde
Beschleunigung	a	m/s^2	Meter pro Sekunde²

1.3 Mechanische Größen

Masse; Gewicht im Sinne einer Wägung	m	kg	Kilogramm
Kraft; Gewichtskraft	F; G	N	Newton
Dichte	ρ	kg/m^3; kg/dm^3	1 kg/m^3 = 10^{-3} kg/dm^3 1 t/m^3 = 1 kg/dm^3 = 1 g/cm^3
Arbeit; Energie	W; E	J	Joule 1 J = 1 N · m = 1 W · s
Leistung	P	W	Watt 1 W = 1 J/s = 1 N · m/s
Trägheitsmoment	J	kg · m^2	
Moment, Drehmoment	M	N · m	
Druck	p	Pa	Pascal 1 Pa = 1 N/m^2 = 10^{-5} bar

1.4 Wärmetechnik (Thermodynamik)

Wärmemenge, Wärmearbeit	Q	J	Joule 1 J = 1 N · m = 1 W · s
spezifische Wärmemenge	c	$\dfrac{\text{J}}{\text{kg} \cdot \text{K}}$	
Wärmeleitfähigkeit	λ	$\dfrac{\text{W}}{\text{m} \cdot \text{K}}$	
Temperatur, thermodynamische Temperatur	ϑ T	°C K	Grad Celsius Kelvin
Temperaturdifferenz	$\Delta\vartheta$	K	Kelvin
Längenausdehnungskoeffizient	a_l	K^{-1}	K^{-1} = 1 $\dfrac{\text{m}}{\text{m} \cdot \text{K}}$
elektrischer Widerstands-Temperaturkoeffizient	a	K^{-1}	K^{-1} = 1 $\dfrac{\Omega}{\Omega \cdot \text{K}}$

1.5 Elektrische Größen

Elektrizitätsmenge, elektrische Ladung	Q	C	Coulomb; 1 C = 1 A · s
elektrische Spannung: Potentialdifferenz; Potential für Momentanwerte	U u	V	Volt
elektrische Stromstärke für Momentanwerte	I i	A	Ampere
elektrische Leistung: Wirkleistung Blindleistung Scheinleistung	$P; P_p$ $Q; P_q$ $S; P_s$	W W oder var W oder VA	Watt Watt oder Voltampere reaktiv Watt oder Voltampere
elektrischer Widerstand: ohmscher Widerstand (Resistanz) Blindwiderstand induktiver Widerstand kapazitiver Widerstand Scheinwiderstand (Impedanz)	R X X_L X_C Z	Ω Ω Ω	Ohm; $1\,\Omega = 1$ V/A
elektrischer Leitwert: Wirkleitwert Blindleitwert induktiver Leitwert kapazitiver Leitwert Scheinleitwert	G B B_L B_C Y	S S S	Siemens; $1\,S = \Omega^{-1}$
spezifischer elektrischer Widerstand	ρ	$\Omega \cdot m;$ $\dfrac{\Omega \cdot mm^2}{m}$	$1\,\Omega \cdot m = 10^4\,\dfrac{\Omega \cdot mm^2}{m}$
spezifischer elektrischer Leitwert; elektrische Leitfähigkeit	$\gamma; \kappa$	S/m; $\dfrac{m}{\Omega \cdot mm^2}$	$1\,S/m = 10^{-4}\,\dfrac{m}{\Omega \cdot mm^2}$

elektrische Stromdichte	J; S	A/m^2; A/mm^2	$1\ A/m^2 = 10^{-6}\ A/mm^2$
Induktivität; Selbstinduktivität	L	H	Henry; $1\ H = 1\ \dfrac{V \cdot s}{A}$
elektrische Kapazität	C	F	Farad; $1\ F = 1\ \dfrac{A \cdot s}{V}$
elektrische Feldstärke	E	V/m; V/mm	$1\ V/m = 10^{-3}\ V/mm$
Permittivität (früher Dielektrizitätskonstante)	ε	F/m	$1\ F/m = 1\ \dfrac{A \cdot s}{V \cdot m}$
elektrische Feldkonstante	ε_0	$\approx 8{,}85 \cdot 10^{-12}$ F/m	
Permittivitätszahl (früher Dielektrizitätszahl)	ε_r	1	

1.6 Magnetische Größen

elektrische Durchflutung, magnetische Spannung	Θ	A	Ampere
magnetische Feldstärke	H	A/m	Ampere pro Meter
magnetische Flußdichte, Induktion	B	T	Tesla; $1\ T = 1\ \dfrac{V \cdot s}{m^2}$
magnetischer Fluß	Φ	Wb	Weber; $1\ Wb = 1\ V \cdot s$
magnetischer Widerstand	R_m	H^{-1}	$1\ \dfrac{A}{V \cdot s} = H^{-1}$
magnetischer Leitwert	Λ	H	Henry; $1\ H = 1\ \dfrac{V \cdot s}{A}$
Permeabilität (magn. Leitfähigkeit)	μ	H/m	Henry pro Meter
magnetische Feldkonstante	μ_0	$\approx 1{,}257 \cdot 10^{-6}$ H/m	
Permeabilitätszahl	μ_r	1	
Windungszahl	N; w	1	im allgemeinen N; bei elektr. Maschinen w, wenn N für Nutzenzahl

1.7 Lichtgrößen

Lichtstärke	I_V	cd	Candela
Lichtstrom	Φ_V	lm	Lumen; 1 lm = 1 cd · sr
Beleuchtungsstärke	E_V	$\mathrm{lx} = \dfrac{\mathrm{lm}}{\mathrm{m}^2}$	Lux
Leuchtdichte	L_V	$\dfrac{\mathrm{cd}}{\mathrm{m}^2}$ od. $\dfrac{\mathrm{cd}}{\mathrm{cm}^2}$	
Lichtausbeute	η	$\dfrac{\mathrm{lm}}{\mathrm{W}}$	Lumen pro Watt
Absorptionsgrad	a	1	
Reflexionsgrad	φ	1	
Transmissionsgrad	τ	1	
Raumwinkel	Ω, ω	sr	steradiant

2 Mathematische und andere Zeichen

2.1 Mathematische Zeichen

Zeichen　　　　　　　Bedeutung – Sprechweise

a) Ordnungszeichen

1.	erstens
...	und so weiter bis
$r_1, r_2 \ldots r_n$	r eins; r zwei; r n

b) Gleichheit; Ungleichheit

=	gleich
≠	nicht gleich; ungleich
~	verhältnisgleich; proportional
≈	angenähert gleich; etwa; rund
≙	entspricht
<	kleiner als
>	größer als
≪	klein gegen; erheblich kleiner als
≫	groß gegen; erheblich größer als

c) Rechenvorgänge

+	plus
–	minus
·	mal
—	geteilt durch (gerader Bruchstrich)
%	Prozent (geteilt durch Hundert)
‰	Promille (geteilt durch Tausend)
<[( )]>	spitze, eckige, runde Klammer
√	Quadratwurzel aus; zweite Wurzel aus
Σ	Summe
Δ	Differenz
Π	Produkt
∞	unendlich

Werte, für die eines dieser Zeichen gilt, sind in Klammern zu setzen!

d) Geometrische Zeichen

∥	parallel
∦	nicht parallel
⊥	rechtwinklig auf
∡	Winkel
⦜	rechter Winkel
$\overline{AB}$	Strecke von A nach B
$\overset{\frown}{AB}$	Bogen von A nach B
arc α	Bogenmaß zum Winkel α; arcus α

2.2 Vorsätze bei Einheiten

Atto	=	a	=	10^{-18}
Femto	=	f	=	10^{-15}
Piko	=	p	=	10^{-12}
Nano	=	n	=	10^{-9}
Mikro	=	µ	=	10^{-6}
Milli	=	m	=	10^{-3}
Zenti	=	c	=	10^{-2}
Dezi	=	d	=	10^{-1}
Deka	=	da	=	10^{1}
Hekto	=	h	=	10^{2}
Kilo	=	k	=	10^{3}
Mega	=	M	=	10^{6}
Giga	=	G	=	10^{9}
Tera	=	T	=	10^{12}

2.3 Griechisches Alphabet

Alpha	A	α	Ny	N	ν
Beta	B	β	Xi	Ξ	ξ
Gamma	Γ	γ	Omikron	O	o
Delta	Δ	δ	Pi	Π	π
Epsilon	E	ε	Rho	P	ρ
Zeta	Z	ζ	Sigma	Σ	σ
Eta	H	η	Tau	T	τ
Theta	Θ	ϑ	Ypsilon	Y	υ
Jota	I	ι	Phi	Φ	φ
Kappa	K	κ	Chi	X	χ
Lambda	Λ	λ	Psi	Ψ	ψ
My	M	μ	Omega	Ω	ω

3 Flächen- und Körperberechnung

Quadrat

$A = a^2$
$U = 4 \cdot a$
$e = \sqrt{2} \cdot a$

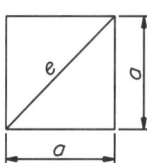

Rechteck

$A = a \cdot h$
$U = 2\,(a + h)$
$e = \sqrt{a^2 + h^2}$

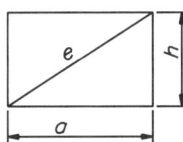

Verschobenes Viereck

$A = a \cdot h$
$U = 2\,(a + b)$

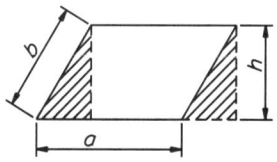

Dreieck

$A = \dfrac{a \cdot h}{2}$

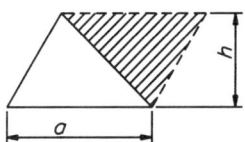

Trapez

$A = \dfrac{a + b}{2} \cdot h$
$A = m \cdot h$

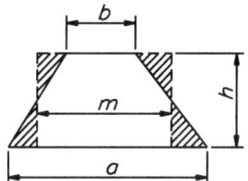

Kreis

$A = \dfrac{d^2 \cdot \pi}{4}$
$U = d \cdot \pi$

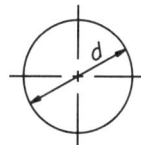

Kreisring

$$A = \frac{\pi}{4}(D^2 - d^2)$$

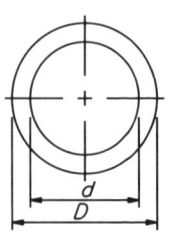

Kreisausschnitt

$$A = \frac{d^2 \cdot \pi \cdot \alpha}{4 \cdot 360°}$$

$$b = \frac{d \cdot \pi \cdot \alpha}{360°}$$

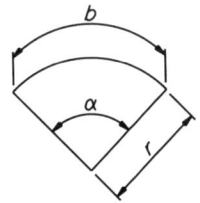

Würfel

$$V = a^3$$

$$D = \sqrt{3} \cdot a$$

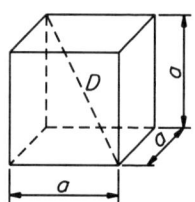

Prisma

$$V = a \cdot b \cdot h$$
$$V = A \cdot h$$

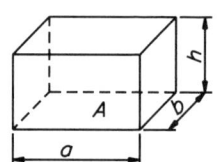

Zylinder

$$V = \frac{d^2 \cdot \pi}{4} \cdot h$$
$$V = A \cdot h$$

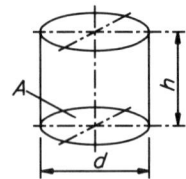

Körper mit gleichem Querschnitt:
Volumen = Querschnittsfläche · Höhe

Kegel

$$V = \frac{d^2 \cdot \pi \cdot h}{12}$$
$$V = \frac{A \cdot h}{3}$$

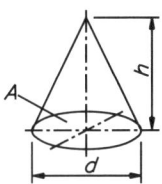

Pyramide

$$V = \frac{a^2 \cdot h}{3}$$
$$V = \frac{A \cdot h}{3}$$

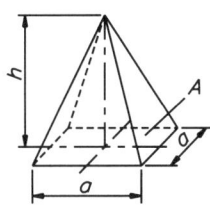

Kugel

$$V = \frac{d^3 \cdot \pi}{6}$$
$$A = d^2 \cdot \pi$$

Guldinsche Regel

$$V = A \cdot s$$
$$V = A \cdot d \cdot \pi$$

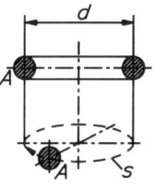

Volumen = Querschnittsfläche · Schwerpunktsweg

4 Winkelfunktionen am rechtwinkligen Dreieck

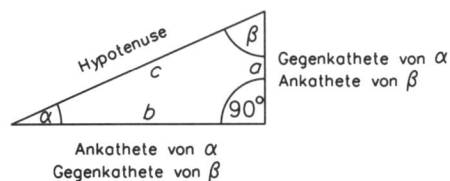

Sinusfunktion gleich Gegenkathete durch Hypotenuse

$$\sin \alpha = \frac{a}{c}; \quad \sin \beta = \frac{b}{c}$$

Cosinusfunktion gleich Ankathete durch Hypotenuse

$$\cos \alpha = \frac{b}{c}; \quad \cos \beta = \frac{a}{c}$$

Tangensfunktion gleich Gegenkathete durch Ankathete

$$\tan \alpha = \frac{a}{b}; \quad \tan \beta = \frac{b}{a}$$

Lehrsatz des Pythagoras:
Die Fläche des Hypotenusenquadrats ist gleich der Summe der beiden Kathetenquadrate.

$$a^2 + b^2 = c^2$$

5 Mechanik

5.1 Geometrische Addition von Kräften

Grundgesetz der Statik:
Die Summe aller horizontalen und aller vertikalen Kräfte an einem Körper ist gleich null.

Resultierende Kraft: $\vec{F}_R = \vec{F}_1 + \vec{F}_2$ Addition nach Betrag und Richtung

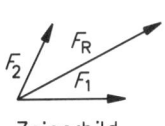
Zeigerbild

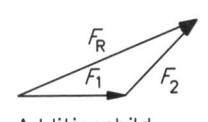
Additionsbild

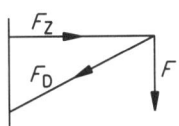
Aufbauzeichnung

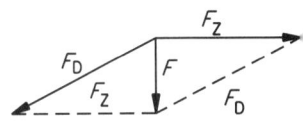
Kräftediagramm

5.2 Hebelgesetz, Drehmoment

Die Summe der rechtsdrehenden Momente ist gleich der Summe der linksdrehenden Momente.

Drehmoment:

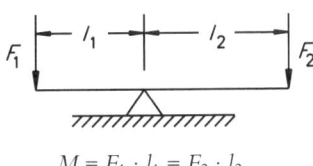

$M = F_1 \cdot l_1 = F_2 \cdot l_2$

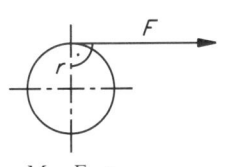

$M = F \cdot r$ $N \cdot m$

5.3 Übersetzung, Getriebe

Die Umfangsgeschwindigkeit der Räder ist gleich.

Übersetzungsverhältnis: $i = \dfrac{n_1}{n_2} = \dfrac{d_2}{d_1} = \dfrac{Z_2}{Z_1}$ Index 1 treibendes Rad
Index 2 getriebenes Rad

Übersetzung mit
Schneckengetriebe: $\dfrac{n_S}{n_R} = \dfrac{Z_R}{g_S}$

n_S Umdrehungsfrequenz
  der Schnecke
n_R Umdrehungsfrequenz
  des Schneckenrades
g_S Gangzahl der Schnecke
Z_R Zähnezahl des
  Schneckenrades

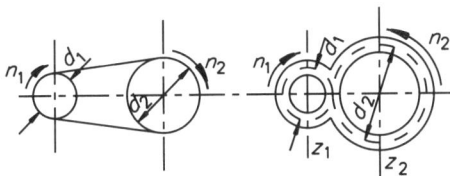

5.4 Masse (Gewicht), Dichte, Volumen

Masse (Gewicht) eines Körpers: $m = V \cdot \rho$ kg
V Volumen in dm³
ρ Dichte in kg/dm³

Gewichtskraft: $G = m \cdot g = V \cdot \rho \cdot g$ N
$g \approx 9{,}81$ m/s²
Erdbeschleunigung

Drahtmasse (Drahtgewicht): $m = A \cdot l \cdot \rho \cdot 10^{-3}$ kg;

A Drahtquerschnitt in mm²
l Drahtlänge in m
ρ Dichte in kg/dm³

5.5 Drahtlänge einer Spule

Rundspule

Wickelhöhe: $h = \dfrac{d_2 - d_1}{2}$

mittlerer Windungsdurchmesser: $d_m = \dfrac{d_2 + d_1}{2} = d_1 + h$

mittlere Windungslänge: $l_m = \pi \cdot d_m$

Drahtlänge: $l = l_m \cdot N$

N Windungszahl

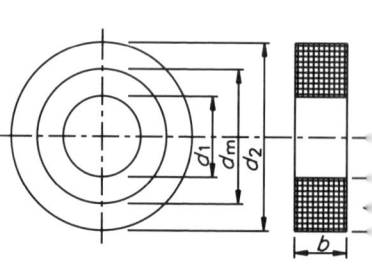

Rechteckspule (symmetrisch)

Wickelhöhe: $h_a = h_b = h = \dfrac{a_2 - a_1}{2}$

$= \dfrac{b_2 - b_1}{2}$

mittlere Windungslänge: $l_m = 2 \cdot (a_1 + b_1) + \pi \cdot h$

Drahtlänge: $l = l_m \cdot N$

Leiterquerschnitt: $A_1 = \dfrac{d^2 \cdot \pi}{4}$

gesamte Leiterquerschnittsfläche: $A_L = A_1 \cdot N$

Wickelfläche: $A_W = b \cdot h$

Füllfaktor: $f = \dfrac{A_L}{A_W}$

5.6 Kinematik

Geschwindigkeit: $v = \dfrac{s}{t} = \dfrac{\Delta s}{\Delta t}$ $\quad \dfrac{m}{s} ; \left(1\dfrac{m}{s} = 3{,}6 \dfrac{km}{h}\right)$

$s, \Delta s$ Wegstrecke in m
$t, \Delta t$ Zeitspanne in s

Beschleunigung (gleichförmig aus dem Ruhezustand, $v_1 = 0$):

$$a = \dfrac{v_2}{t} = \dfrac{2 \cdot s}{t^2} \quad \dfrac{m}{s^2}$$

v_2 Endgeschwindigkeit in $\dfrac{m}{s}$

t Beschleunigungsdauer in s

mittlere Geschwindigkeit: $\quad s$ Beschleunigungsstrecke in m

$$v_m = \dfrac{v_2}{2} = \dfrac{a \cdot t}{2} \quad \dfrac{m}{s}$$

Beschleunigung von Anfangsgeschwindigkeit v_1 auf v_2:

$$a = \dfrac{\Delta v}{\Delta t} = \dfrac{v_2 - v_1}{t_2 - t_1} \quad \dfrac{m}{s^2}$$

Endgeschwindigkeit nach freiem Fall ($v_1 = 0$):

$$v_2 = g \cdot t = \dfrac{2 \cdot h}{t} \quad \dfrac{m}{s}$$

$g \approx 9{,}81 \dfrac{m}{s^2}$ Erdbeschleunigung

h Fallhöhe in m

Drehende Bewegung
Winkelgeschwindigkeit: $\quad \omega = 2 \cdot \pi \cdot n \quad s^{-1} = Hz$

n Umdrehungsfrequenz in s^{-1} = Hz

Umfangsgeschwindigkeit: $\quad v = d \cdot \pi \cdot n = \omega \cdot r \quad \dfrac{m}{s}$

d Durchmesser in m
r Radius in m

Winkelbeschleunigung: $\quad \varepsilon = \dfrac{\Delta \omega}{\Delta t} \quad s^{-2}$

5.7 Dynamisches Grundgesetz

Kraft, Trägheitskraft $\quad F = m \cdot a \qquad\qquad 1\,N = 1\,\dfrac{kg \cdot m}{s^2}$

m Masse des Körpers in kg
a Beschleunigung in m/s²

Drehende Bewegung

Trägheitsmoment: $\quad J = m \cdot r^2 \qquad\qquad$ kg · m²
r Trägheitsradius in m

Fliehkraft: $\quad F = m \cdot r \cdot \omega^2 \qquad\qquad$ N

ω Winkelgeschwind. in s⁻¹ = Hz

Drehmoment: $\quad M = J \cdot \varepsilon \qquad\qquad$ N · m

Energie der Bewegung, kinetische Energie

geradlinige Bewegung (translatorische Bewegung):

$$W_K = \frac{m \cdot v^2}{2}$$

$1\,J = 1\,W \cdot s = 1\,N \cdot m$

drehende Bewegung (rotatorische Bewegung):

$$W_K = \frac{J \cdot \omega^2}{2}$$

ε Winkelbeschleunigung in s⁻²

m Masse in kg
v Geschwindigkeit in m/s
J Trägheitsmoment in kg · m²
ω Winkelgeschwind. in s⁻¹ = Hz

Energie der Lage, potentielle Energie:

$$W_P = F \cdot s = G \cdot \Delta h$$

$1\,J = 1\,W \cdot s = 1\,N \cdot m$

G Gewichtskraft in N
Δh Höhendifferenz in m

mechanische Leistung geradlinige Bewegung:

$$P = F \cdot v = \frac{F \cdot s}{t}$$

$1\,\dfrac{J}{s} = 1\,W = 1\,\dfrac{N \cdot m}{s}$

drehende Bewegung:

F Antriebskraft in N
v Geschwindigkeit in m/s
s Wegstrecke in m
t Zeit in s
ω Winkelgeschw. in s⁻¹ = Hz
M Drehmoment in N · m
n Umdrehungsfrequenz in s⁻¹ = Hz

$$P = M \cdot \omega = 2 \cdot \pi \cdot M \cdot n$$

$$P = \frac{2 \cdot \pi}{60} \cdot M \cdot n = \frac{M \cdot n}{9{,}55}$$

mit n in min⁻¹

6 Grundbegriffe der Elektrotechnik (Gleichstromtechnik)

Berechnete Größe	Formel	Einheit, Erklärung

elektrische Ladung
Elektrizitätsmenge:

$$Q = I \cdot t = I_{AV} \cdot t$$

1 C = 1 A · s (Coulomb)
I_{AV} = arithmetischer Mittelwert bei Mischstrom

linearer elektrischer Widerstand,
ohmscher Widerstand:

$$R = \frac{U}{I} = \frac{u}{i}$$

$1\,\Omega = 1\,\frac{V}{A}$ (Ohm)

differentieller elektrischer Widerstand
(bei nichtlinearem Widerstand):

$$r = \frac{\Delta U}{\Delta I}$$

$1\,\Omega = 1\,\frac{V}{A}$ (Ohm)

elektrischer Leitwert:

$$G = \frac{I}{U} = \frac{1}{R}$$

$1\,S = 1\,\frac{A}{V}$ (Siemens)

Spannung am ohmschen Widerstand (linearer Widerstand)
(Ohmsches Gesetz):

$$U = I \cdot R = \frac{I}{G}$$

V (Volt)

Strom im ohmschen Widerstand
(Ohmsches Gesetz):

$$I = \frac{U}{R} = U \cdot G$$

A (Ampere)

elektrische Leistung:

$$P = U \cdot I = U_{RMS} \cdot I_{RMS}$$

1 W = 1 V · A (Watt)
U_{RMS}, I_{RMS} = Effektivwerte
bei Wechsel- und Mischstrom

Leistung am linearen Widerstand:

$$P = I^2 \cdot R = \frac{U^2}{R}$$

Leistung nach Spannungsänderung
bei R = konstant:

$$P_2 = P_1 \cdot \left(\frac{U_2}{U_1}\right)^2$$

Leistung nach Stromänderung
bei R = konstant:

$$P_2 = P_1 \cdot \left(\frac{I_2}{I_1}\right)^2$$

elektrische Arbeit bei Gleichstrom:	$W = U \cdot I \cdot t = U \cdot Q$	$1\,J = 1\,V \cdot A \cdot s$ (Joule)
allgemein:	$W = P \cdot t$	

spezifischer elektrischer Widerstand:

$$\rho = \frac{R \cdot A}{l}$$

bei metallischen Werkstoffen (Drähten):
Länge l in m; Querschnitt A in mm² $\qquad \dfrac{\Omega \cdot mm^2}{m}$

bei anderen Stoffen:
Länge l in cm (m); Querschnitt A in cm² (m²) $\qquad 1\,\dfrac{\Omega \cdot cm^2}{cm} = 1\,\Omega \cdot cm$

$$1\,\frac{\Omega \cdot mm^2}{m} = 10^{-4}\,\Omega \cdot cm = 10^{-6}\,\Omega \cdot m$$

elektrische Leitfähigkeit:
Länge l in m; Querschnitt A in mm²

$$\gamma \text{ oder } \kappa = \frac{l}{R \cdot A} \qquad 1\,\frac{m}{\Omega \cdot mm^2} = 1\,\frac{S \cdot m}{mm^2}$$

Leiterwiderstand
Länge l in m;
Querschnitt A in mm² $\qquad$ (Tabelle 21.1)

$$R = \frac{\rho \cdot l}{A} = \frac{l}{\kappa \cdot A}$$

Stromdichte:

$$J \text{ oder } S = \frac{I}{A} \qquad 1\,A/m^2 = 10^{-6}\,A/mm^2$$

Von einem Gleichstrom
in einem Elektrolysebad
ausgeschiedene Stoffmenge

$$m = I \cdot t \cdot c$$

g (mg)
I Gleichstrom in A (bei Mischstrom arithmetischer Mittelwert I_{AV})
t Zeit in s
c elektrochemisches Äquivalent

in $\dfrac{g}{A \cdot s}$ oder $\dfrac{mg}{A \cdot s}$

(Tabelle 21.1)

7 Schaltungen mit ohmschen Widerständen

7.1 Gesetze der Parallelschaltung

Kirchhoffsches Knotenpunkt- oder Stromverzweigungsgesetz allgemein:
In jedem Stromverzweigungspunkt (Knotenpunkt) ist die Summe aller Ströme in jedem Augenblick gleich null.

Anmerkung:
>Unterliegen die Ströme zeitlichen Änderungen, gilt dieses nur für die Augenblickswerte oder, bei sinusförmigen Strömen gleicher Frequenz, wenn die Addition nach Betrag und Richtung erfolgt.

Bei Gleichströmen: $\quad I_1 + I_2 + I_3 - I_4 = 0$

oder allgemein: $\quad i_1 + i_2 + i_3 - i_4 = 0$

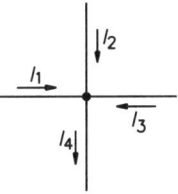

In einer Parallelschaltung von Widerständen gilt:
Die Summe aller zufließenden Ströme ist gleich der Summe aller abfließenden Ströme.

Gesamtstrom: $\quad I = I_1 + I_2 + I_3$

Ersatzwiderstand: $\quad R = \dfrac{1}{\dfrac{1}{R_1} + \dfrac{1}{R_2} + \dfrac{1}{R_3}}$

Ersatzleitwert: $\quad G = G_1 + G_2 + G_3$

Verhältnisse: $\quad \dfrac{I_1}{I_2} = \dfrac{R_2}{R_1}$

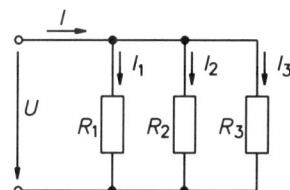

7.2 Gesetze der Reihenschaltung

Kirchhoffsches Maschengesetz allgemein:
In jeder Masche (Stromkreis) ist die Summe aller Spannungen in jedem Augenblick gleich null.

Anmerkung:
Unterliegen diese Spannungen zeitlichen Änderungen, gilt dieses nur für die Augenblickswerte oder, bei sinusförmigen Spannungen gleicher Frequenz, wenn die Addition nach Betrag und Richtung erfolgt.

Bei Gleichspannungen: $\quad U_1 + U_2 + U_3 - U_{01} - U_{02} = 0$
oder allgemein: $\quad u_1 + u_2 + u_3 - u_{01} - u_{02} = 0$

In einer Reihenschaltung von Widerständen gilt:

Gesamtspannung: $\quad U = U_1 + U_2 + U_3$

Ersatzwiderstand: $\quad R = R_1 + R_2 + R_3$

Verhältnisse: $\quad \dfrac{U_1}{U_2} = \dfrac{R_1}{R_2}$

7.3 Ersatzschaltbild einer Spannungsquelle

mit linearem Innenwiderstand R_i und Urspannung U_0

Innenwiderstand: $\quad R_i = \dfrac{U_0 - U_Q}{I_L} = \dfrac{\Delta U_Q}{\Delta I_L}$

Kurzschlußstrom: $\quad I_K = \dfrac{U_0}{R_i}$

Ausgangsspannung: $\quad U_Q = U_0 - I_L \cdot R_i$

maximale Leistungsabgabe bei *Leistungsanpassung*:

$$R_L = R_i$$

$$P_{Q\,max} = \dfrac{U_0^2}{4 \cdot R_i}$$

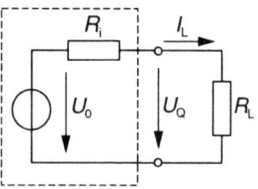

7.4 Spannungsteiler

unbelasteter Ausgang oder $R_L \gg R_2$ oder $I_L \ll I_q$

Ausgangsspannung:
$$U_{Q0} = U_I \cdot \frac{R_2}{R_1 + R_2}$$

belasteter Ausgang bei gegebenem Lastwiderstand R_L

Ausgangsspannung:
$$U_Q = U_I \cdot \frac{R_{ers}}{R_1 + R_{ers}}$$

mit dem Ersatzwiderstand:
$$R_{ers} = \frac{1}{\frac{1}{R_2} + \frac{1}{R_L}}$$

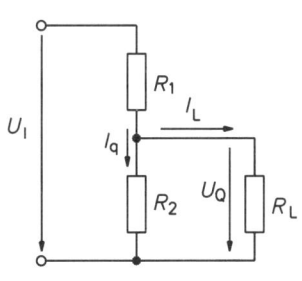

belasteter Ausgang bei gegebenem Laststrom I_L

Ausgangsspannung: $U_Q = U_0 - I_L \cdot R_i$

darin ist die Leerlaufspannung:
$$U_0 = U_I \cdot \frac{R_2}{R_1 + R_2}$$

und der Innenwiderstand:
$$R_i = \frac{1}{\frac{1}{R_1} + \frac{1}{R_2}}$$

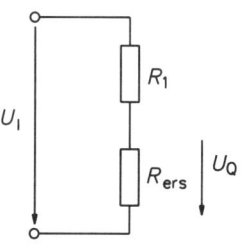

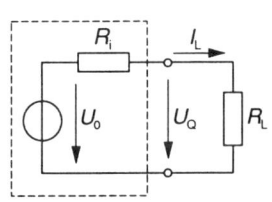

Berechnung der Spannungsteilerwiderstände für eine relativ stabile Ausgangsspannung bei Belastung

Richtwert für den Querstrom $I_q \approx 3 \ldots 10 \cdot I_L$

Längswiderstand:
$$R_1 = \frac{U_I - U_Q}{I_L + I_q}$$

Querwiderstand:
$$R_2 = \frac{U_Q}{I_q}$$

Berechnung der Spannungsteilerwiderstände über das Ersatzschaltbild

aus Leerlaufspannung U_0 und Innenwiderstand R_i

Längswiderstand:
$$R_1 = R_i \cdot \frac{U_I}{U_0}$$

Querwiderstand:
$$R_2 = R_i \frac{U_I}{U_I - U_0}$$

7.5 Wheatstone-Brückenschaltung

Abgleichbedingung für Diagonalspannung $U_Q = 0$:

$$\frac{R_1}{R_2} = \frac{R_3}{R_4} \quad \text{oder}$$

$$R_1 \cdot R_4 = R_2 \cdot R_3$$

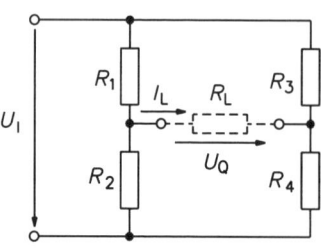

Diagonalspannung bei nicht abgeglichener Brücke

a) bei unbelastetem Diagonalzweig ($R_L = \infty$):

Spannung an R_2: $\quad U_{02} = U_I \cdot \dfrac{R_2}{R_1 + R_2}$

Spannung an R_4: $\quad U_{04} = U_I \cdot \dfrac{R_4}{R_3 + R_4}$

Diagonalspannung: $\quad U_{Q0} = U_{02} - U_{04}$

b) Strom im Diagonalzweig bei Belastung mit einem Widerstand R_L:

$$I_L = \frac{U_{Q0}}{R_{i1} + R_{i2} + R_L}$$

mit den Innenwiderständen:

$$R_{i1} = \frac{1}{\dfrac{1}{R_1} + \dfrac{1}{R_2}}$$

und:

$$R_{i2} = \frac{1}{\dfrac{1}{R_3} + \dfrac{1}{R_4}}$$

Ersatzschaltbild

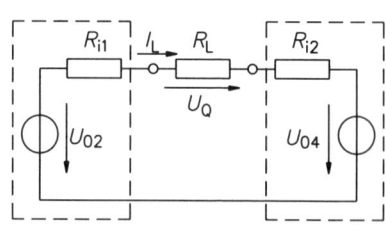

8 Temperaturbeiwert des elektrischen Widerstands

Berechnete Größe	Formel	Einheit, Erklärung

Temperaturbeiwert (oder -koeffizient) des elektrischen Widerstands: (Tabelle 21.1)

$$\alpha_{20} \text{ oder } \alpha = \frac{\Delta R}{R_1 \cdot \Delta \vartheta} \qquad \frac{1}{K} = 1 \frac{\Omega}{\Omega \cdot K}$$

Widerstandsänderung: $\Delta R = R_2 - R_1$ Ω

R_1 (R_{20}) Bezugswiderstand bei $\vartheta_1 = 20\,°C$
R_2 Widerstand bei der Temperatur ϑ_2

Temperaturänderung: $\Delta \vartheta = \vartheta_2 - \vartheta_1$ K (Kelvin)

$\Delta \vartheta = \vartheta_2 - 20\,°C$

ϑ_2 Temperatur bei R_2
ϑ_1 Bezugstemperatur, auf die der Temperaturbeiwert bezogen ist, meist $\vartheta_1 = 20\,°C$

Widerstandsänderung durch Temperatureinfluß:

$$\Delta R = R_1 \cdot \alpha \cdot \Delta \vartheta \qquad \Omega$$

Widerstand nach Temperaturänderung:

$$R_2 = R_1 + \Delta R \qquad \Omega$$

oder

$$R_2 = R_1 \cdot (1 + \alpha \cdot \Delta \vartheta)$$

Temperaturänderung aus der Widerstandsänderung:

$$\Delta \vartheta = \frac{R_2 - R_1}{R_1 \cdot \alpha} \qquad K$$

9 Elektrisches Feld, elektrische Kapazität (Kondensator)

Berechnete Größe	Formel	Einheit, Erklärung

Elektrische Feldstärke zwischen planparallelen Platten mit dem Abstand l (homogenes elektr. Feld):

$$E = \frac{U}{l}$$

V/m oder V/cm oder V/mm
$1\ \text{V/m} = 10^{-2}\ \text{V/cm} = 10^{-3}\ \text{V/mm}$

Durchschlagfestigkeit: $E_D = \dfrac{U_D}{l}$

bei trockener Luft
$E_D \geqq 25 \cdot 10^3\ \text{V/cm}$

Kapazität von Kondensatoren: $C = \dfrac{Q}{U} = \dfrac{I \cdot t}{U}$

$1\ \text{F} = 1\ \dfrac{\text{A} \cdot \text{s}}{\text{V}}$ (Farad)

im Kondensator gespeicherte elektrische Ladung:

$$Q = U \cdot C$$

$1\ \text{C} = 1\ \text{A} \cdot \text{s} = 1\ \text{V} \cdot \text{F}$ (Coulomb)

Kapazität zwischen planparallelen Platten: $C = \varepsilon \cdot \dfrac{A}{l} = \varepsilon_0 \cdot \varepsilon_r \cdot \dfrac{A}{l}$ F

Permittivität: $\varepsilon = \varepsilon_0 \cdot \varepsilon_r$

$\varepsilon_0 \approx 8{,}85 \cdot 10^{-12}\ \text{F/m}$
elektrische Feldkonstante
ε_r Permittivitätszahl des Dielektrikums
A in m² Fläche des Dielektrikums
l in m Dicke des Dielektrikums

Energie des elektrischen Feldes in einem Kondensator:

$$W = \frac{1}{2} \cdot C \cdot U^2$$

$1\ \text{J} = 1\ \text{W} \cdot \text{s} = 1\ \text{F} \cdot \text{V}^2$

Strom in einem Kondensator (bei linearer Spannungsänderung):

$$i_0 = C \cdot \frac{\Delta u}{\Delta t}$$

C Kapazität in F

Δu Spannungsänderung in V
Δt Zeitintervall in s

10 Magnetisches Feld, Induktivität (Spule)

Berechnete Größe	Formel	Einheit, Erklärung

10.1 Magnetische Größen

Elektrische Durchflutung einer Spule mit N Windungen (magnetische Urspannung):

$$\Theta = I \cdot N \qquad \text{A (Ampere)}$$

magnetische Feldstärke:
$$H = \frac{\Theta}{l} = \frac{I \cdot N}{l} \qquad \text{A/m}$$

magnetische Spannung (magn. Spannungsfall):
$$V = H \cdot l \qquad \text{A (Ampere)}$$

magnetische Flußdichte (Induktion):

$$B = \frac{\Phi}{A} \qquad 1\,\text{T} = 1\,\frac{\text{V} \cdot \text{s}}{\text{m}^2} \text{ (Tesla)}$$

$$B = \mu \cdot H = \mu_0 \cdot \mu_r \cdot H$$

$\mu_0 \approx 1{,}257 \cdot 10^{-6}$ H/m magnetische Feldkonstante
μ_r Permeabilitätszahl des magnetischen Kreises

Permeabilität:
$$\mu = \mu_0 \cdot \mu_r \qquad 1\,\frac{\text{V} \cdot \text{s}}{\text{A} \cdot \text{m}} = 1\,\frac{\text{H}}{\text{m}}$$

magnetischer Fluß:
$$\Phi = B \cdot A \qquad 1\,\text{Wb} = 1\,\text{T} \cdot \text{m}^2 = 1\,\text{V} \cdot \text{s} \text{ (Weber)}$$

$$\Phi = \frac{\Theta}{R_m}$$

B mittlere Induktion in T
A Durchtrittsfläche in m²
Θ elektr. Durchflutung in A
R_m magn. Widerstand in H⁻¹

magnetischer Widerstand (Reluktanz) eines Abschnitts in einem magnetischen Kreis:

$$R_m = \frac{l}{\mu_0 \cdot \mu_r \cdot A} \qquad 1\,\text{H}^{-1} = 1\,\frac{\text{A}}{\text{V} \cdot \text{s}}$$

magnetischer Leitwert, Spulenkonstante, A_L-Wert (Permeanz):

$$\Lambda = A_L = \frac{1}{R_m} = \frac{\Phi}{\Theta}$$
$$= \frac{\mu_0 \cdot \mu_r \cdot A}{l}$$

$1\,\text{H} = 1\,\dfrac{\text{V} \cdot \text{s}}{\text{A}} = 1\,\dfrac{\text{Wb}}{\text{A}}$
(Henry)

In einer Spule mit N Windungen induzierte Spannung
a) durch eine magnetische Flußänderung,
Induktionsgesetz:

$$u_0 = N \cdot \frac{\Delta \Phi}{\Delta t} \qquad 1\,V = 1\,\frac{Wb}{s}$$

b) durch Stromänderung,
Selbstinduktion:

$$u_0 = L \cdot \frac{\Delta i}{\Delta t} \qquad 1\,V = 1\,\frac{H \cdot A}{s}$$

Induktivität, Selbstinduktivität:

$$L = \frac{u_0 \cdot \Delta t}{\Delta i} \qquad 1\,H = 1\,\frac{V \cdot s}{A}$$

Induktivität einer Spule
mit N Windungen:

$$L = \frac{\mu_0 \cdot \mu_r \cdot A \cdot N^2}{l} = \frac{N^2}{R_m} = N^2 \cdot A_L$$

durch Bewegung in einem
Leiter der Länge l in einem
Magnetfeld induzierte Spannung:

A Eisenquerschnitt in m²
R_m magn. Widerstand in H⁻¹
l mittlere Feldlinienlänge in m

$$u_0 = B \cdot l \cdot v \qquad 1\,V = 1\,T \cdot m \cdot m/s$$

Energie des magnetischen Feldes
einer Spule:

$$W = \frac{1}{2} \cdot L \cdot I^2 \qquad 1\,J = 1\,W \cdot s = 1\,H \cdot A^2$$

10.2 Kraftwirkung des magnetischen Feldes

Stromdurchflossener Leiter
der Länge l im homogenen
Magnetfeld:

$$F = B \cdot l \cdot I \qquad 1\,N = 1\,T \cdot m \cdot A$$

Kraft zwischen Polflächen
(im Luftspalt) eines Elektromagneten
für Gleichstrom:

$$F \approx \frac{B_L^2 \cdot A}{2 \cdot \mu_0} \qquad 1\,N = 1\,\frac{T^2 \cdot m^2}{\frac{V \cdot s}{A \cdot m}}$$

für Wechselstrom:

$$F \approx \frac{\hat{B}_L^2 \cdot A}{4 \cdot \mu_0}$$

B_L Flußdichte im Luftspalt
$\hat{B}_L$ Scheitelwert der Flußdichte im Luftspalt
A Polflächen in m²

10.3 Magnetisierungskennlinien

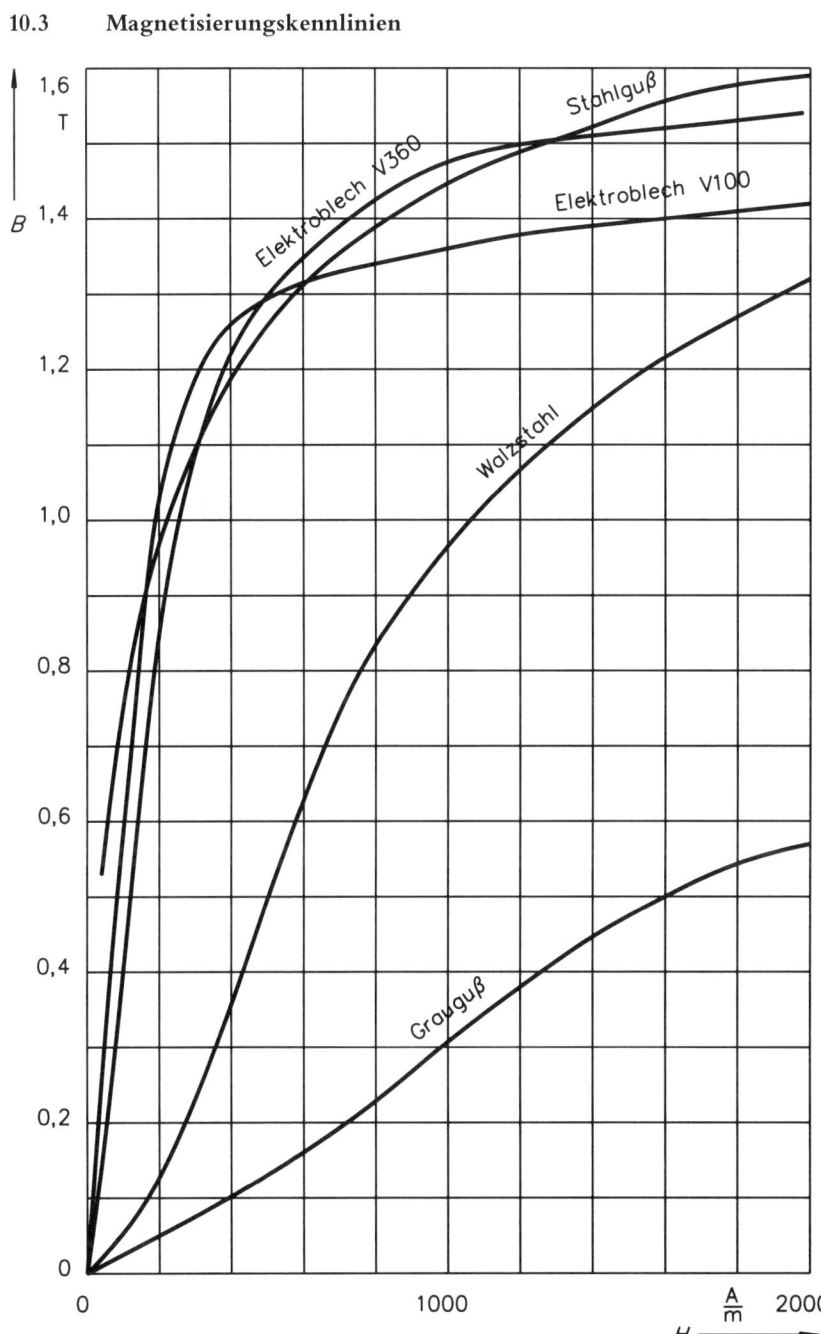

11 Wechselstromtechnik

| Berechnete Größe | Formel | Einheit, Erklärung |

11.1 Wechselstromgrößen

Frequenz: $\quad f = \dfrac{1}{T} \quad\quad 1\,\text{Hz} = \text{s}^{-1}$

Kreisfrequenz: $\quad \omega = 2 \cdot \pi \cdot f \quad\quad 1\,\text{Hz} = \text{s}^{-1}$

Liniendiagramm Zeigerdiagramm

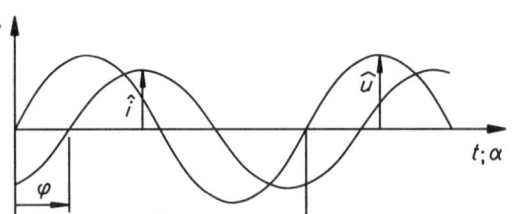
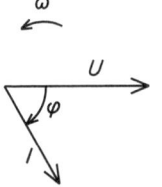

Augenblickswert,
Momentanwert bei
sinusförmiger Spannung: $\quad u = \hat{u} \cdot \sin \alpha \quad\quad$ V
$ = \hat{u} \cdot \sin(\omega \cdot t)$

bzw. Strom: $\quad i = \hat{\imath} \cdot \sin(\alpha + \varphi) \quad\quad$ A
$ = \hat{\imath} \cdot \sin(\omega \cdot t + \varphi)$

Induktiver Widerstand,
Blindwiderstand: $\quad X_L = 2 \cdot \pi \cdot f \cdot L = \omega \cdot L \quad 1\,\Omega = 1\,\text{Hz} \cdot \text{H}$

Kapazitiver Widerstand,
Blindwiderstand: $\quad X_C = \dfrac{1}{2 \cdot \pi \cdot f \cdot C} \quad\quad 1\,\Omega = 1\,\dfrac{\text{V}}{\text{A}}$

$ X_C = \dfrac{1}{\omega \cdot C}$

Scheinwiderstand,
Impedanz (nur Betrag): $\quad Z = \dfrac{U}{I} \quad\quad 1\,\Omega = 1\,\dfrac{\text{V}}{\text{A}}$

Scheinleistung:	$S = U \cdot I = \dfrac{U^2}{Z} = I^2 \cdot Z$	$1\text{ W} = 1\text{ V} \cdot \text{A}$ oder VA
Wirkleistung:	$P = S \cdot \cos\varphi$ $P = U \cdot I \cdot \cos\varphi$	$1\text{ W} = 1\text{ V} \cdot \text{A}$
Blindleistung:	$Q = U \cdot I \cdot \sin\varphi$	$1\text{ W} = 1\text{ V} \cdot \text{A}$ oder var
Blindleistung am Blindwiderstand:	$Q = \dfrac{U^2}{X} = I^2 \cdot X$	$1\text{ W} = 1\,\dfrac{\text{V}^2}{\Omega} = 1\text{ A}^2 \cdot \Omega$ oder var

Elektrizitätszähler (Wirkverbrauchszähler)

Arbeit:
$$W = \frac{n}{c_Z}$$

kWh
n Anzahl der Umdrehungen des Zählerläufers

c_Z Zählerkonstante in $\dfrac{1}{\text{kWh}}$

Leistung:
$$P = \frac{n}{c_Z \cdot t}$$

kW
t Meßzeit in h

11.2 Zusammenschaltungen von Induktivitäten oder Kapazitäten

Reihenschaltung von Induktivitäten ohne gegenseitige Kopplung

Gesamtinduktivität:

$$L = L_1 + L_2 + L_3 \quad \text{H}$$

induktiver Gesamtwiderstand:

$$X_L = X_{L1} + X_{L2} + X_{L3} \quad \Omega$$

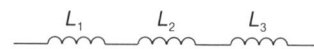

Parallelschaltung von Induktivitäten ohne gegenseitige Kopplung

Gesamtinduktivität:

$$L = \frac{1}{\dfrac{1}{L_1} + \dfrac{1}{L_2} + \dfrac{1}{L_3}} \quad \text{H}$$

induktiver Gesamtwiderstand:

$$X_L = \frac{1}{\dfrac{1}{X_{L1}} + \dfrac{1}{X_{L2}} + \dfrac{1}{X_{L3}}} \quad \Omega$$

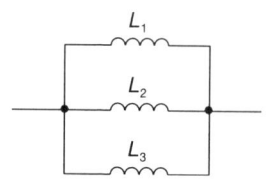

Reihenschaltung von Kapazitäten

Gesamtkapazität:

$$C = \frac{1}{\dfrac{1}{C_1} + \dfrac{1}{C_2} + \dfrac{1}{C_3}} \quad \text{F}$$

kapazitiver Gesamtwiderstand:

$$X_C = X_{C1} + X_{C2} + X_{C3} \quad \Omega$$

Parallelschaltung von Kapazitäten

Gesamtkapazität:

$$C = C_1 + C_2 + C_3 \quad \text{F}$$

kapazitiver Gesamtwiderstand:

$$X_C = \frac{1}{\dfrac{1}{X_{C1}} + \dfrac{1}{X_{C2}} + \dfrac{1}{X_{C3}}} \quad \Omega$$

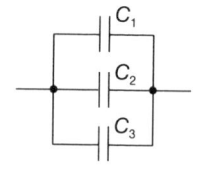

11.3 Wechselstromschaltungen
11.3.1 Reihenschaltungen von R, X_L und X_C

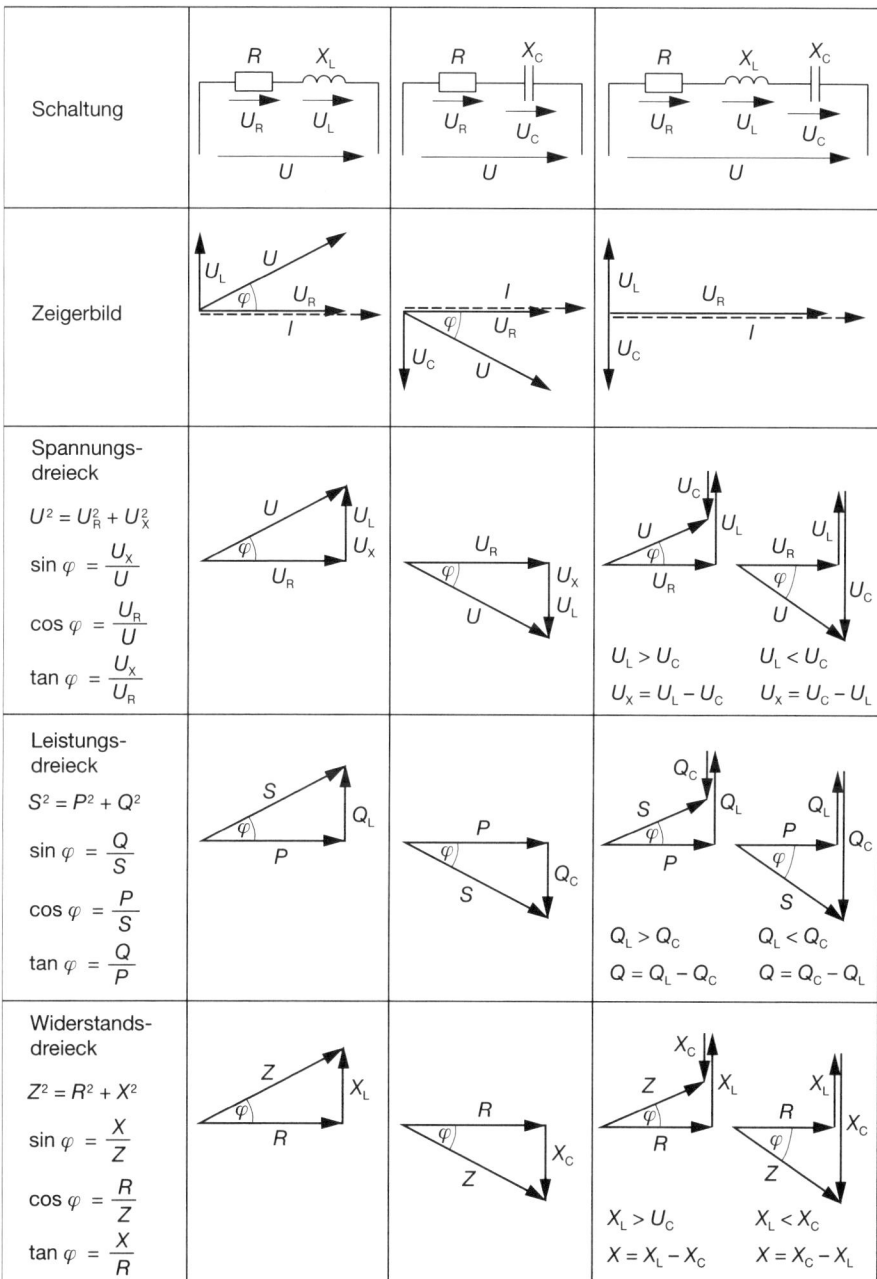

11.3.2 Parallelschaltungen von R, X_L und X_C

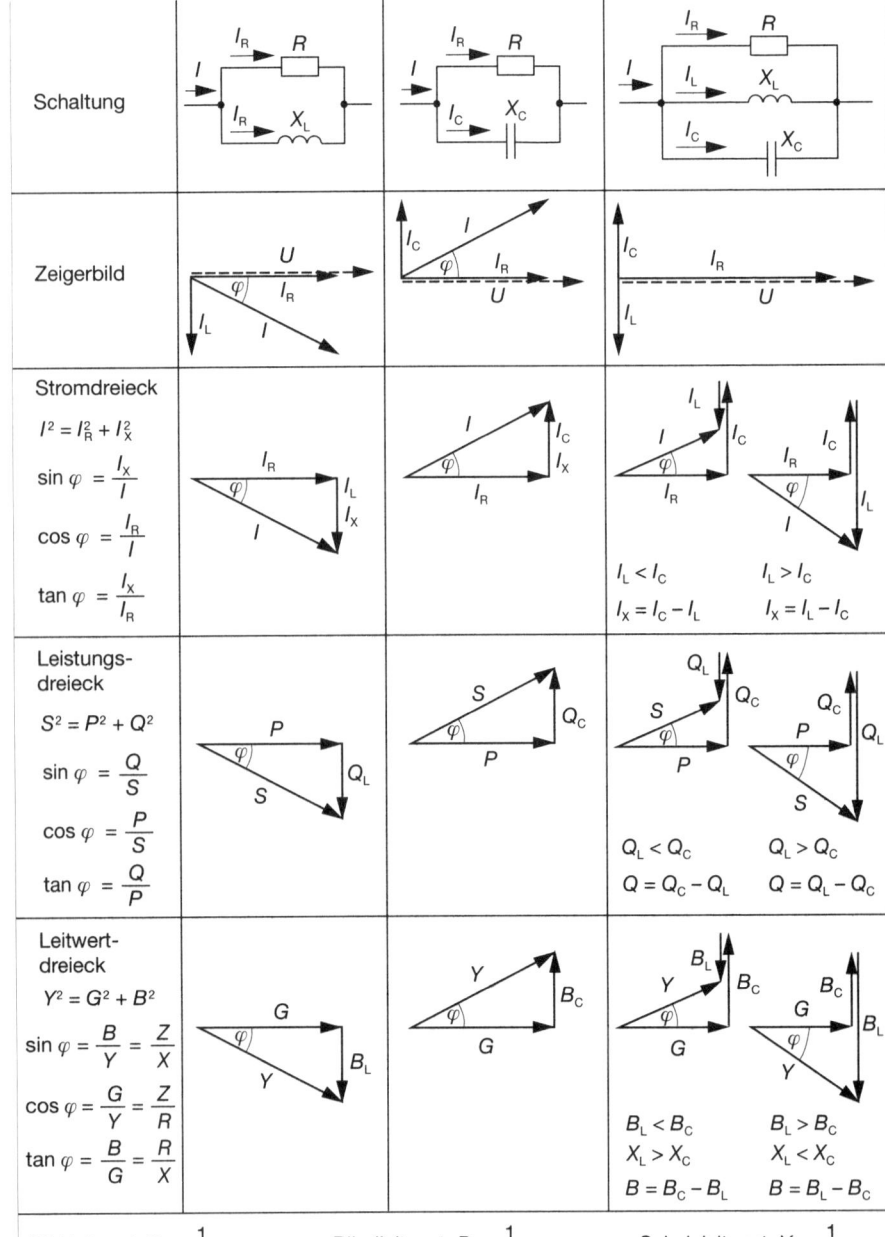

11.3.3 Blindleistungskompensation (Parallelkompensation)

Zu kompensierende Blindleistung
(bei Drehstrom gesamt):

$$Q_C = P_{zu} \cdot (\tan \varphi_1 - \tan \varphi_2)$$ W oder var

Phasenwinkel:
φ_1 ohne Kompensation
φ_2 mit Kompensation

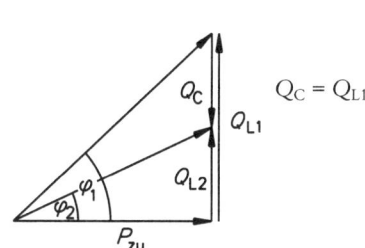

$$Q_C = Q_{L1} - Q_{L2}$$ W oder var

Blindleistung:
Q_{L1} ohne Kompensation
Q_{L2} mit Kompensation

Kapazität des Kompensationskondensators bei einphasigem Wechselstrom:

$$C = \frac{Q_C}{2 \cdot \pi \cdot f \cdot U_C^2} \quad F$$

$$C = \frac{Q_C}{\omega \cdot U_C^2}$$

Kapazität jedes Kondensators bei Drehstrom:

$$C = \frac{Q_C}{3 \cdot 2 \cdot \pi \cdot f \cdot U_C^2} \quad F$$

$$C = \frac{Q_C}{3 \cdot \omega \cdot U_C^2}$$

Die Blindleistungskompensation eines Transformators
ermöglicht eine Zusatzbelastung bei gleicher Scheinleistung S.
Blindleistung der Zusatzlast:

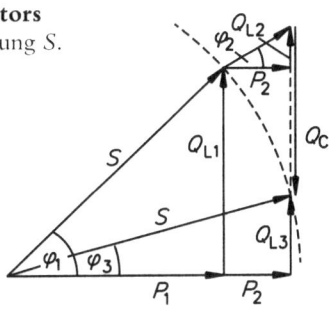

$$Q_{L2} = P_2 \cdot \tan \varphi_2$$

Blindleistung nach Kompensation mit Zusatzlast:

$$Q_{L3} = (P_1 + P_2) \cdot \tan \varphi_3$$

zu kompensierende Blindleistung:

$$Q_C = Q_{L1} + Q_{L2} - Q_{L3}$$ W oder var

P_1, Q_{L1} bereits vorhandene Grundlast

11.3.4 Verbraucher am Dreiphasenwechselspannungsnetz (Drehstrom)

Sternschaltung: Dreieckschaltung:

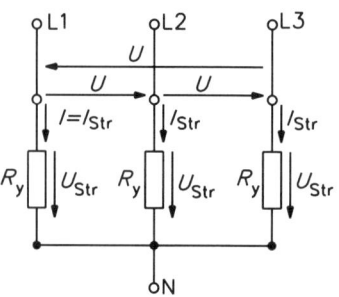 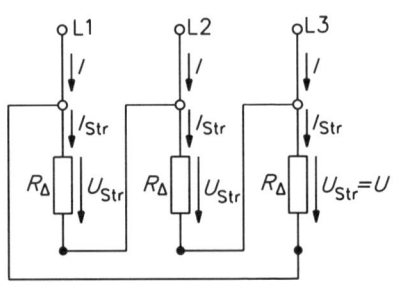

U und I Außenleiterwerte
R_Y, R_Δ, U_{str} und I_{str} Strangwerte

$U = \sqrt{3} \cdot U_{str}$ $I = I_{str}$	$U = U_{str}$ $I = \sqrt{3} \cdot I_{str}$

Symmetrische Last:
$$P = \sqrt{3} \cdot U \cdot I \cdot \cos \varphi$$
$$Q = \sqrt{3} \cdot U \cdot I \cdot \sin \varphi$$
$$S = \sqrt{3} \cdot U \cdot I$$

Unsymmetrische Last:
Wirkleistung je Strang: $P_{str} = U_{str} \cdot I_{str} \cdot \cos \varphi_{str}$

Gesamtwirkleistung: $P = P_{str_1} + P_{str_2} + P_{str_3}$

bei $R_Y = R_\Delta$ ist $P_Y = \dfrac{P_\Delta}{3}$ $I_Y = \dfrac{I_\Delta}{3}$	bei $P_Y = P_\Delta$ ist $I_Y = I_\Delta$ $R_Y = \dfrac{R_\Delta}{3}$

R_Y und R_Δ Strangwiderstände
I_Y und I_Δ Außenleiterströme

11.4 Vierpole an sinusförmiger Wechselspannung

11.4.1 Kapazitiver Spannungsteiler

Ausgangsspannung (unbelastet):

$$U_Q = U_1 \cdot \frac{C_1}{C_1 + C_2}$$

11.4.2 Frequenzkompensierter ohmsch-kapazitiver Spannungsteiler

Bedingung für frequenzunabhängiges Teilungsverhältnis:

$$R_1 \cdot C_1 = R_2 \cdot C_2 \quad \text{oder} \quad \frac{R_1}{R_2} = \frac{C_2}{C_1}$$

Ausgangsspannung (unbelastet):

$$U_Q = U_1 \cdot \frac{R_2}{R_1 + R_2} = U_1 \cdot \frac{C_1}{C_1 + C_2}$$

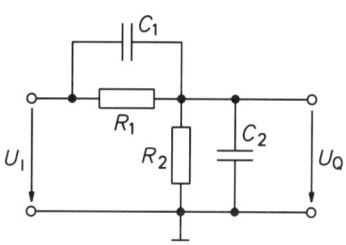

11.4.3 Hochpässe und Tiefpässe

Ausgangsspannung bei Grenzfrequenz f_g:

$$U_Q = \frac{U_1}{\sqrt{2}}$$

RC- und CR-Glieder (1. Ordnung)
Bedingung für Grenzfrequenz:

$$R = X_C = \frac{1}{2 \cdot \pi \cdot f_g \cdot C} = \frac{1}{\omega_g \cdot C}$$

Grenzfrequenz:

$$f_g = \frac{1}{2 \cdot \pi \cdot R \cdot C} = \frac{1}{2 \cdot \pi \cdot \tau}$$

RC-Glied als Tiefpaß: CR-Glied als Hochpaß:

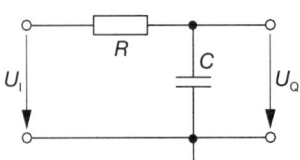 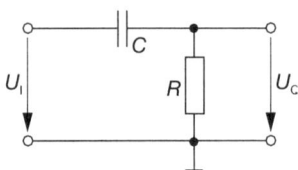

RL-Glied und LR-Glied (1. Ordnung)
Bedingung für Grenzfrequenz:

$$R = X_L = 2 \cdot \pi \cdot f_g \cdot L = \omega \cdot L$$

Grenzfrequenz:

$$f_g = \frac{R}{2 \cdot \pi \cdot L} = \frac{1}{2 \cdot \pi \cdot \tau}$$

RL-Glied als Hochpaß: LR-Glied als Tiefpaß:

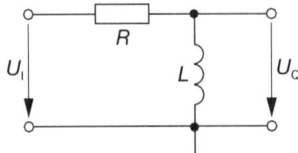 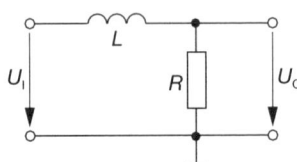

11.4.4 RC-Glied als Phasenschieber

Phasenwinkel der Ausgangsspannung bezogen auf die Eingangsspannung:

$$\alpha = \arc\tan\frac{R}{X_C} = \arc\tan(2 \cdot \pi \cdot f \cdot R \cdot C)$$

Ausgangsspannung (unbelastet):

$$U_Q = U_I \cdot \cos\alpha$$

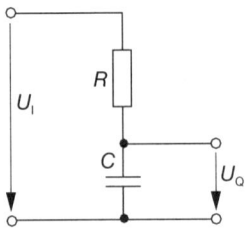

11.4.5 Siebglieder

Überlagerte Wechselspannung
  am Eingang (Eingangs-Brummspannung) U_{W1}
  am Ausgang (Ausgangs-Brummspannung) U_{W2}

Glättungsfaktor (Siebfaktor):

$$G = \frac{U_{W1}}{U_{W2}}$$

RC-Siebglied
Näherungsformel für Glättungsfaktor unter der Bedingung: $R_S \ll R_L$ und $R_S \gg X_{CS}$

$$G \approx \frac{R_S}{X_{CS}} = 2 \cdot \pi \cdot f_w \cdot R_S \cdot C_S$$

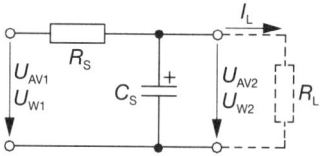

LC-Siebglied
Näherungsformel für Glättungsfaktor unter der Bedingung: $X_L \gg R_L$ und $X_L \gg X_C$

$$G \approx \frac{X_{LS}}{X_{CS}} = (2 \cdot \pi \cdot f_W)^2 \cdot L_S \cdot C_S$$

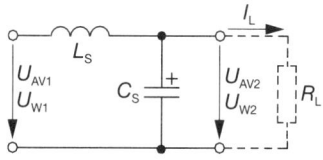

11.4.6 Schwingkreise im Resonanzfall

Resonanzbedingung:

$$X_L = X_C = X_0 = \sqrt{\frac{L}{C}}$$

Resonanzfrequenz:
$$f_0 = \frac{1}{2 \cdot \pi \cdot \sqrt{L \cdot C}}$$

Bandbreite:
$$b = \frac{f_0}{Q}$$

Reihenschwingkreis

Kreisgüte:
$$Q = \frac{X_0}{R_S} = \frac{1}{R_S} \cdot \sqrt{\frac{L}{C}}$$

Überhöhung der Spannungen an L und C:
$$U_C = U_L = Q \cdot U$$

Resonanzwiderstand:
$$Z_0 = R_S = \frac{X_0}{Q}$$

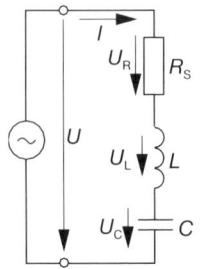

Parallelschwingkreis

Kreisgüte:
$$Q = \frac{R_P}{X_0} = R_P \cdot \sqrt{\frac{C}{L}}$$

Überhöhung des Stroms in L und C:
$$I_L = I_C = Q \cdot I$$

Resonanzwiderstand:
$$Z_0 = R_P = Q \cdot X_0$$

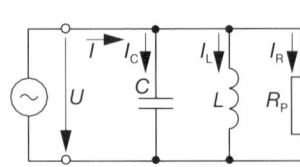

12 Elektrische Maschinen

Berechnete Größe	Formel	Einheit, Erklärung

12.1 Transformator

Spannungsgleichung
(bei Sinusform): $\quad U_0 = 4{,}44 \cdot N \cdot f \cdot \hat{\Phi} \quad\quad 1\,V = 1\,Hz \cdot Wb = 1\,\dfrac{V \cdot s}{s}$

$\hat{\Phi}$ Scheitelwert des magnetischen Flusses

Übersetzungsverhältnis
(Streuung vernachlässigt):

$$\ddot{u} = \frac{N_1}{N_2} = \frac{U_{01}}{U_{02}} = \frac{I_2}{I_1} = \sqrt{\frac{Z_1}{Z_2}}$$

Index 1: Oberspannungsseite
Index 2: Unterspannungsseite

Kurzschlußspannung (relativ):

$$u_K = \frac{U_K \cdot 100\,\%}{U_N}$$

U_N Bemessungsspannung
U_K absolute Kurzschlußspannung

Dauerkurzschlußstrom:

$$I_{KD} = \frac{I_N \cdot 100\,\%}{u_K}$$

I_N Bemessungsstrom

Parallelschaltung von Transformatoren mit unterschiedlichen Bemessungsscheinleistungen (S_{N1}, S_{N2} ...) und Kurzschlußspannungen (u_{K1}, u_{K2} ...)
Mittlere Kurzschlußspannung:

$$u_{Km} = \frac{\Sigma S_N}{\dfrac{S_{N1}}{u_{K1}} + \dfrac{S_{N2}}{u_{K2}} + \ldots}$$

Verteilung der Gesamtlast: $\quad S_1 = S_{N1} \cdot \dfrac{u_{Km}}{u_{K1}}$

Bemessungswirkungsgrad: $\quad \eta_N = \dfrac{P_{abN}}{P_{abN} + P_{Fe} + P_{CuN}}$

Teillastfaktor: $\quad n = \dfrac{S_{Teillast}}{S_{Bemessungslast}}$

Wirkungsgrad bei
Teillast:
$$\eta_T = \frac{P_{ab}}{P_{ab} + P_{Fe} + n^2 \cdot P_{CuN}}$$

Jahreswirkungsgrad:
$$\eta_a = \frac{S_2 \cdot \cos\varphi_2 \cdot t_B}{S_2 \cdot \cos\varphi_2 \cdot t_B + P_{Fe} \cdot t_E + P_{Cu} \cdot t_B}$$

t_B Jahresbelastungsdauer

$$\eta_a = \frac{W_a}{W_a + W_{aFe} + n^2 \cdot W_{aCu}}$$

W_a Jahresarbeit

n Teillastfaktor

Jahreseinschaltzeit: $t_E = 365\ d \cdot 24\ h = 8760\ h$

12.2 Drehfeldmotor

Drehfelddrehfrequenz:
$$n_0 = \frac{f}{p} \qquad s^{-1}$$

p Polpaarzahl

n Läuferdrehfrequenz

Schlupfdrehfrequenz: $n_S = n_0 - n$

Schlupf (relativ):
$$s = \frac{n_0 - n}{n_0} \cdot 100\ \%$$

Läuferfrequenz: $f_2 = s \cdot f_1$ Hz

f_1 Netzfrequenz

Läuferspannung: $U_{02} = s \cdot U_{02\ Stillstand}$

abgegebene Leistung: $P_{ab} = M \cdot \omega = 2\pi \cdot M \cdot n$

$1\ W = 1\ \dfrac{N \cdot m}{s}$

M Drehmoment in $N \cdot m$

ω Winkelgeschwindigk.
in Hz = s^{-1}

n Drehfrequenz in Hz = s^{-1}

$$P_{ab} = \frac{2 \cdot \pi}{60} \cdot M \cdot n = \frac{M \cdot n}{9{,}55}$$

mit n in min^{-1}

zugeführte Leistung: $P_{zu} = \sqrt{3} \cdot U \cdot I \cdot \cos\varphi$ W

Wirkungsgrad: $\eta = \dfrac{P_{ab}}{P_{zu}}$

13 Schaltvorgänge im Gleichstromkreis mit Kondensator

13.1 Ladung/Entladung einer Kapazität C mit konstantem Strom I_0

Spannungsänderung Δu_C im Zeitintervall Δt:

$$\Delta u_C = \frac{I_0 \cdot \Delta t}{C} \qquad 1\,\text{V} = 1\,\frac{\text{A} \cdot \text{s}}{\text{F}}$$

13.2 Ladung einer Kapazität C an konstanter Spannung U_0
über einen linearen Widerstand R (Beginn bei $u_C = 0$)

Zeitkonstante: $\qquad \tau = R \cdot C \qquad 1\,\text{s} = 1\,\Omega \cdot \text{F}$

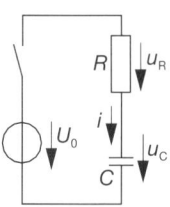

Strom im Einschaltmoment: $\qquad i_0 = \dfrac{U_0}{R} \qquad$ A

Verlauf der Spannung an C: $\qquad u_C = U_0 \cdot (1 - e^{-t/\tau}) \qquad$ V

$e \approx 2{,}718$ Eulersche Zahl

Zeit für Spannungsänderung von $u_C = 0$ bis u_C: $\qquad t = -\tau \cdot \ln\left(1 - \dfrac{u_C}{U_0}\right) \qquad$ s

Verlauf des Stroms: $\qquad i = i_0 \cdot e^{-t/\tau} \qquad$ A

Verlauf der Spannung an R: $\qquad u_R = U_0 \cdot e^{-t/\tau} \qquad$ V

Zeit für Spannungsänderung von $u_R = U_0$ bis u_R: $\qquad t = -\tau \cdot \ln \dfrac{u_R}{U_0} \qquad$ s

13.3 Entladung einer Kapazität C

über einen linearen Widerstand R beginnend mit der Kondensatorspannung U_{C0}

Zeitkonstante:
$$\tau = R \cdot C \qquad 1\,\text{s} = 1\,\Omega \cdot \text{F}$$

Verlauf der Spannungen:
$$u_R = u_C = U_{C0} \cdot e^{-t/\tau} \qquad \text{V}$$

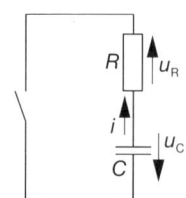

Zeit für Spannungsänderung von U_0 bis $u_C = u_R$:
$$t = -\tau \cdot \ln \frac{u_C}{U_0} \qquad \text{s}$$

Strom bei Beginn der Entladung:
$$i_0 = \frac{U_0}{R} \qquad 1\,\text{A} = 1\,\frac{\text{V}}{\Omega}$$

Verlauf des Entladestroms:
$$i = i_0 \cdot e^{-t/\tau} \qquad \text{A}$$

13.4 Schaltvorgang im Gleichstromkreis mit einer Induktivität

Induktivität L in Reihe mit linearem Widerstand R an konstanter Spannung U_0

Zeitkonstante:
$$\tau = \frac{L}{R} \qquad 1\,\text{s} = 1\,\frac{\text{H}}{\Omega}$$

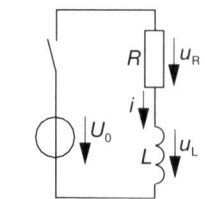

Verlauf der Spannung an L:
$$u_L = U_0 \cdot e^{-t/\tau} \qquad \text{V}$$

Endwert des Stroms:
$$I_0 = \frac{U_0}{R} \qquad 1\,\text{A} = 1\,\frac{\text{V}}{\Omega}$$

Verlauf des Stroms:
$$i = I_0 \cdot (1 - e^{-t/\tau}) \qquad \text{A}$$

Zeit für Stromänderung von $i = 0$ bis i:
$$t = \tau \cdot \ln\left(1 - \frac{i}{I_0}\right) \qquad \text{s}$$

13.5 Normierte Exponentialfunktionen

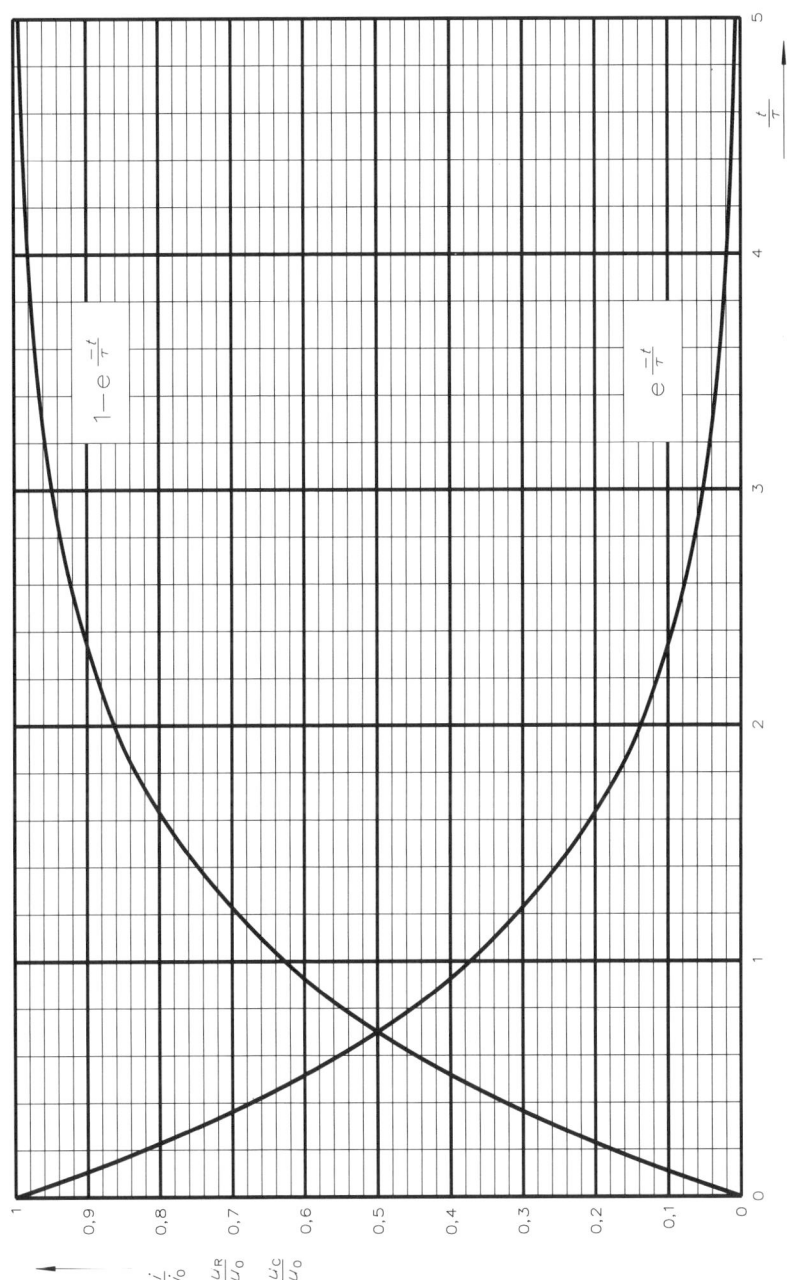

14 Effektivwerte und arithmetische Mittelwerte

14.1 Von Wechsel- und Mischspannungen

Kurvenform	Effektivwert U_{RMS}	arithmetischer Mittelwert U_{AV}
sinusförmige Wechselspannung	$\dfrac{\hat{u}}{\sqrt{2}} = \dfrac{U_{ss}}{2 \cdot \sqrt{2}}$	0
– nach Einweggleichrichtung	$\dfrac{\hat{u}}{2} = \dfrac{U_{ss}}{2}$	$\dfrac{1}{\pi} \cdot \hat{u} = \dfrac{U_{ss}}{\pi}$
– nach Zweiweggleichrichtung	$\dfrac{\hat{u}}{\sqrt{2}} = \dfrac{U_{ss}}{\sqrt{2}}$	$\dfrac{2}{\pi} \cdot \hat{u}$
Rechteck-Wechselspannung symmetrisch	$\hat{u} = \dfrac{U_{ss}}{2}$	0
Rechteck-Impulsspannung	$\hat{u} \cdot \sqrt{V_T} = U_{ss} \cdot \sqrt{V_T}$ $V_T = \dfrac{t_i}{t_i + t_p} = \dfrac{t_i}{T}$ Tastverhältnis	$\hat{u} \cdot V_T = U_{ss} \cdot V_T$

Kurvenform	Effektivwert U_{RMS}	arithmetischer Mittelwert U_{AV}
Rechteck-Mischspannung	$\sqrt{\hat{u}_1^2 \cdot \frac{t_1}{T} + \hat{u}_2^2 \cdot \frac{t_2}{T}}$	$\hat{u}_1 \cdot \frac{t_1}{T} + \hat{u}_2 \cdot \frac{t_2}{T}$ $\hat{u}_1$ positivster Wert $\hat{u}_2$ negativster Wert
Dreieck-Wechselspannung (auch Sägezahnspannung)	$\frac{\hat{u}}{\sqrt{3}} = \frac{U_{ss}}{2 \cdot \sqrt{3}}$	0
Dreieck-Impulsspannung	$\frac{\hat{u}}{\sqrt{3}} = \frac{U_{ss}}{\sqrt{3}}$	$\frac{\hat{u}}{2} = \frac{U_{ss}}{2}$

Effektivwert einer Mischspannung mit dem Gleichspannungsanteil U_{AV} und dem Wechselspannungsanteil U_{RMS1}:

$$U_{RMS} = \sqrt{U_{AV}^2 + U_{RMS1}^2}$$

14.2 Effektivwert nach Phasenanschnitt

Ermittlung des Effektivwerts bzw. der Leistung an einem ohmschen Widerstand bei Vollwellensteuerung durch Phasenanschnitt einer sinusförmigen Wechselspannung.

$$\frac{U}{U_0} \quad \text{und} \quad \frac{P}{P_0} = f(\alpha)$$

U_0 Effektivwert der vollen Wechselspannung
U Effektivwert der angeschnittenen Spannung
P_0 Leistung ohne Phasenanschnitt
P Leistung mit Phasenanschnitt

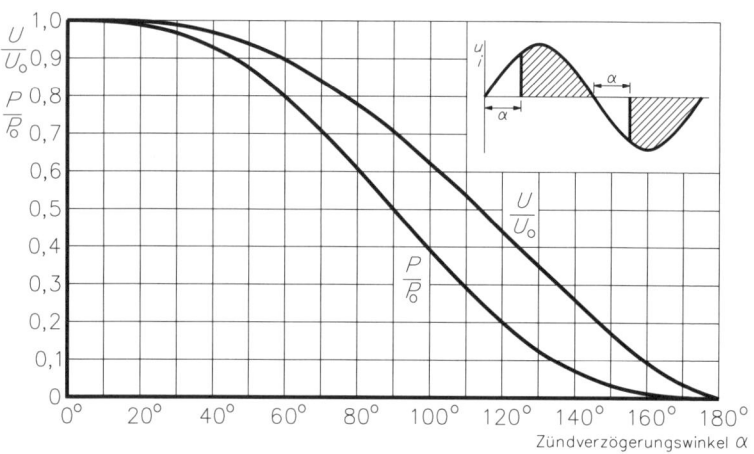

Bei Halbwellensteuerung reduzieren sich der Effektivwert der Spannung um den Faktor $1/\sqrt{2}$ und die Leistung um den Faktor 1/2, bezogen auf die Vollwellensteuerung.

14.3 Leistungsminderung durch Wellenpaketsteuerung

Verminderte Leistung

$$P = P_0 \cdot \frac{t_E}{t_E + t_P} = P_0 \cdot \frac{t_E}{T}$$

P_0 Nennleistung (ohne Wellenpaketsteuerung)
t_E Einschaltzeit
t_P Pausenzeit
$T = t_E + t_P$ Taktperiode

15 Installationstechnik

15.1 Schutzarten

Schutzart nach DIN		Symbol nach VDE
	Berührungsschutz	
IP 0X	Berührungsschutz nicht vorhanden	
IP 1X	Berührungsschutz gegen Fremdkörper größer als 50 mm ⌀	
IP 2X	Berührungsschutz gegen Fremdkörper größer als 12 mm ⌀	
IP 3X	Berührungsschutz gegen Fremdkörper größer als 2,5 mm ⌀	
IP 4X	Berührungsschutz gegen Fremdkörper größer als 1 mm ⌀	
IP 5X	Schutz gegen Staubablagerungen im Innern	✻
IP 6X	staubdicht	✻
	Wasserschutz	
IP X0	kein Wasserschutz	
IP X1	tropfwassergeschützt, senkrechter Tropfenfall	⬧
IP X2	tropfwassergeschützt, schräg fallendes Tropfwasser	
IP X3	sprühwassergeschützt bis zu 30° über der Waagerechten	⬧
IP X4	spritzwassergeschützt von allen Seiten	⚠
IP X5	strahlwassergeschützt	⚠⚠
IP X6	Überflutungsschutz	
IP X7	Schutz beim Eintauchen	⬧⬧
IP X8	Schutz beim Untertauchen	⬧⬧ ... bar

Beispiel: IP 54 auf dem Leistungsschild würde bedeuten, daß dieses Betriebsmittel gegen Staubablagerung im Innern (1. Ziffer) und Spritzwasser (2. Ziffer) geschützt ist.

15.2 Schutzmaßnahmen

Schleifenwiderstand

Schleifenimpedanz: $$Z_S \leqq \frac{U_0}{I_A}$$

Abschaltstrom: $I_A \leqq I_K$

U_0 Nennspannungen gegen geerdeten Leiter

I_A Abschaltstrom, der das Abschalten der Schutzeinrichtung innerhalb von 0,4 s bzw. 5 s bewirkt (aus der *I-t*-Kennlinie entnommen)

I_K Kurzschlußstrom

Anlagenerder im TT-System
Erdungswiderstand des Erders, mit dem alle Körper verbunden sind:

$$R_A \leq \frac{U_L}{I_A}$$

U_L dauernd zulässige Berührungsspannung

mit Schutz durch Fehlerstromschalter:

$$R_A \leq \frac{U_L}{I_{\Delta N}}$$

mit Schutz durch selektiven Fehlerstromschalter:

$$R_A \leq \frac{U_L}{2 \cdot I_{\Delta N}}$$

$I_{\Delta N}$ Nenndifferenzstrom des FI-Schutzschalters

Anlagenerder im IT-System
Erdungswiderstand des Erders, mit dem alle Körper verbunden sind:

$$R_A \leq \frac{U_L}{I_d}$$

I_d Fehlerstrom beim ersten Fehler zwischen einem Außenleiter und dem Schutzleiter (Summe der Ableitströme)

Schutzleiterquerschnitte
Mindestquerschnitte für Schutzleiter

Querschnitt der Außenleiter der Anlage	Mindestquerschnitt des entsprechenden Schutzleiters
A in mm²	A_{PE} in mm²
$A \leq 16$ $16 < A \leq 35$ $A > 35$	A 16 $\frac{A}{2}$

15.3 Potentialausgleich

Mindestquerschnitte für Potentialausgleichsleiter

	Hauptpotentialausgleich (PE = Hauptschutzleiter)	Zusätzlicher Potentialausgleich (PE = Betriebsmittelschutzleiter)	
Minimum	6 mm²	bei mechanischem Schutz	2,5 mm²
		ohne mechanischen Schutz	4 mm²
normal	0,5 × PE★	zwischen 2 Körpern	kleinerer PE★
		zwischen 1 Körper und 1 leitfähigen, fremden Teil	0,5 × PE★
Maximum (möglich)	25 mm² Cu oder gleicher Leitwert		

PE★: hier Schutzleiterquerschnitt

15.4 Leitungs-, Kabelbemessung

bei Gleich- und Wechselstrom
Mindest-Leiterquerschnitt
nach Spannungsfall U_V:

$$A = \frac{2 \cdot l \cdot I \cdot \cos\varphi}{\kappa \cdot U_V}$$

oder

$$A = \frac{2 \cdot l \cdot P}{\kappa \cdot U_V \cdot U}$$

bei Drehstrom
Mindest-Leiterquerschnitt
nach Spannungsfall U_V:

$$A = \frac{\sqrt{3} \cdot l \cdot I \cdot \cos\varphi}{\kappa \cdot U_V}$$

oder

$$A = \frac{l \cdot P}{\kappa \cdot U_V \cdot U}$$

l Leitungslänge in m
I Bemessungsstrom in A
κ el. Leitfähigkeit in $\frac{m}{\Omega \cdot mm^2}$
P Bemessungsleistung in W

Stichleitung
bei Gleich- und Wechselstrom
Mindest-Leiterquerschnitt
nach Spannungsfall U_V:

$$A = \frac{2 \cdot \Sigma (I \cdot l \cdot \cos \varphi) \cdot \mu}{\kappa \cdot U_V} \qquad \mu = \frac{P_{\text{mittel}}}{P_{\text{Anschluß}}} \text{ Gleichzeitigkeitsfaktor}$$

oder

$$A = \frac{2 \cdot \Sigma (P \cdot l) \cdot \mu}{\kappa \cdot U_V \cdot U}$$

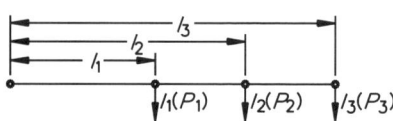

bei Drehstrom
Mindest-Leiterquerschnitt
nach Spannungsfall U_V:

$$A = \frac{\sqrt{3} \cdot \Sigma (I \cdot l \cdot \cos \varphi) \cdot \mu}{\kappa \cdot U_V}$$

oder

$$A = \frac{\Sigma (P \cdot l) \cdot \mu}{\kappa \cdot U_V \cdot U}$$

Ringleitung
nach rechts bzw. nach links in die Leitung eingespeiste Leistung:

$$P_{\text{rechts}} = \frac{\Sigma (P \cdot l)_{\text{links}}}{l}$$

$$P_{\text{links}} = \frac{\Sigma (P \cdot l)_{\text{rechts}}}{l}$$

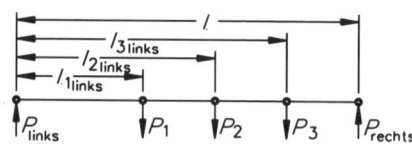

Diagramm zur Bestimmung des Leiterquerschnitts
nach Spannungsfall auf Drehstromleitungen (Cu-Leiter). Bei Gleich- oder Wechselstrom muß die Leitungslänge halbiert werden.

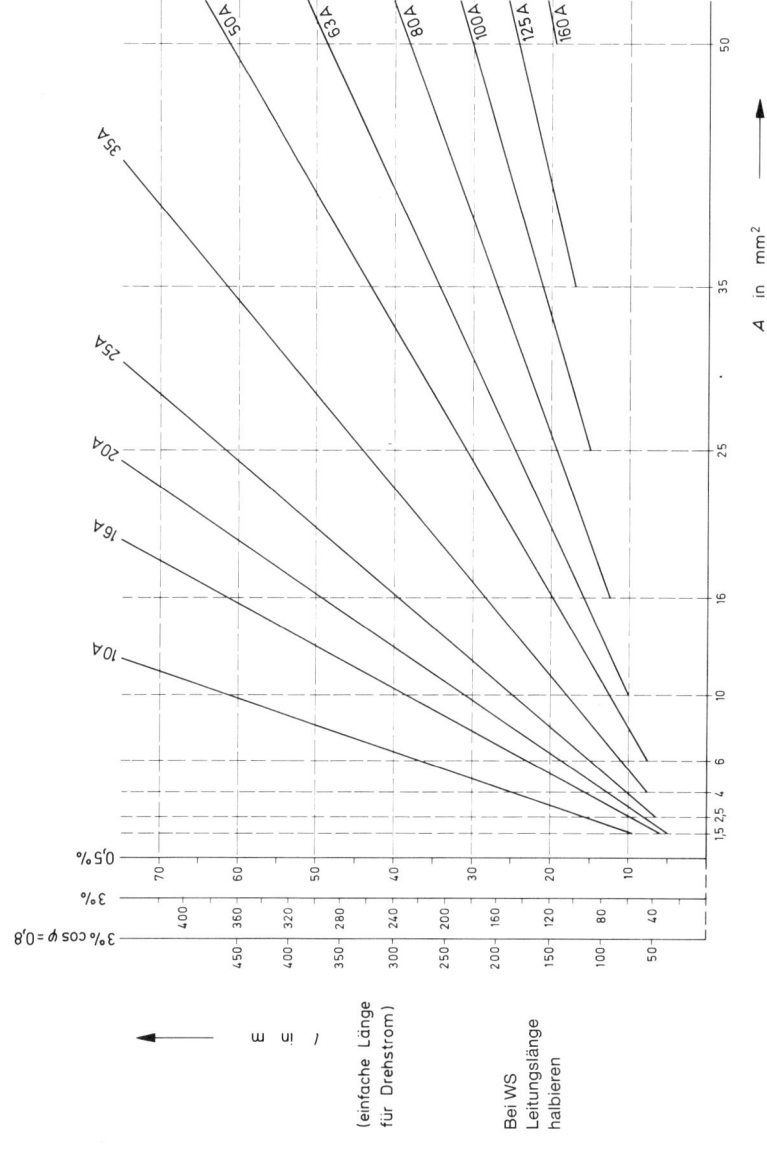

15.5 Verlegearten

Verlegebedingungen («Rohr» steht für Elektroinstallationsrohr und «Kanal» für Elektroinstallationskanal)

Verlegeart A1
Verlegung in wärmedämmenden Wänden
- Aderleitungen im Rohr

Verlegeart A2
Verlegung in wärmedämmenden Wänden
- mehradrige Leitungen und Kabel im Rohr
- mehradrige Leitungen und Kabel in der Wand

Verlegeart B1
Verlegung in Rohren oder Kanälen
- Aderleitungen im Rohr oder im Kanal an der Wand
- Aderleitungen, ein- oder mehradrige Leitungen und Kabel im Rohr in der Wand oder unter Putz

Verlegeart B2
Verlegung in Rohren oder Kanälen
- mehradrige Leitungen und Kabel im Rohr oder im Kanal auf der Wand oder auf dem Fußboden

Verlegeart C
Direkte Verlegung
- ein- oder mehradrige Leitungen und Kabel auf der Wand oder auf dem Fußboden
- mehradrige Leitungen und Kabel in der Wand oder unter Putz
- Stegleitungen im Putz

Verlegeart E
Verlegung frei in der Luft
- mehradrige Leitungen und Kabel mit dem Wandabstand $a \geq 0{,}3\,d$ (Durchmesser der Leitung) und dem Abstand $a \geq 2\,d$ zu anderen Leitungen oder Kabel

15.6 Strombelastbarkeit

Strombelastbarkeit I_z festverlegter, isolierter Starkstromleitungen und Kabel mit Kupferleitern bei einer Umgebungstemperatur von 30 °C und einer zulässigen Betriebstemperatur am Leiter von 70 °C nach DIN VDE 0298 Teil 4

Bauart	PVG-isolierte Kabel, Mantelleitungen, Stegleitungen und Aderleitungen für feste Verlegung											
Verlegeart	A1		A2		B1		B2		C		E	
Anzahl der belasteten Adern	2	3	2	3	2	3	2	3	2	3	2	3
Querschnitt in mm² (Cu)	Belastbarkeit I_Z in A											
1,5	15,5	13,5	15,5	13,0	17,5	15,5	16,5	15,0	19,5	17,5	22	18,5
2,5	19,5	18,0	18,5	17,5	24	21	23	20	27	24	30	25
4	26	24	25	23	32	28	30	27	36	32	40	34
6	34	31	32	29	41	36	38	34	46	41	51	43
10	46	42	43	39	57	50	52	46	63	57	70	60
16	61	56	57	52	76	68	69	62	85	76	94	80
25	80	73	75	68	101	89	90	80	112	96	119	101
35	99	89	92	83	125	110	111	99	138	119	148	126
50	119	108	110	99	151	134	133	118	168	144	180	153
70	151	136	139	125	192	171	168	149	213	184	232	196
95	182	164	167	150	232	207	201	179	258	223	282	238
120	210	188	192	172	269	239	232	206	299	259	328	276
150	240	216	219	196	–	–	–	–	344	299	379	319
185	273	245	248	223	–	–	–	–	392	341	434	364
240	320	286	291	261	–	–	–	–	461	403	514	430
300	367	328	334	298	–	–	–	–	530	464	593	497

Für Leitungen und Kabel mit einer zulässigen Betriebstemperatur am Leiter von 90 °C können die Tabellenwerte um 25% erhöht werden. (z. B. wärmebeständige PVC-Aderleitungen, Kabel mit VPE-Aderisolierhülle, Kabel mit Aderisolierhülle und Mantel aus halogenfreier Polymermischung)

Strombelastbarkeit isolierter Leitungen und Kabel bei abweichenden Umgebungstemperaturen

Umgebungs-temperatur °C	Strombelastbarkeit I_Z in % der Werte der Tabelle Seite 63		
	max. Leitertemperatur 60 °C (Gummi-Isolierung)	max. Leitertemperatur 70 °C (PVC-Isolierung)	max. Leitertemperatur 90 °C (VPE-Isolierung)
bis 10	129	122	115
15	122	117	112
20	115	112	108
25	108	106	104
30	100	100	100
35	91	94	96
40	82	87	91
45	71	79	87
50	58	71	82
55	41	61	76
60	–	50	71
65	–	35	65
70	–	–	58
75	–	–	50
80	–	–	41
85	–	–	29

Strombelastbarkeit von Leitungen mit erhöhter Wärmebeständigkeit bei Umgebungstemperaturen über 50 °C

Umgebungstemperatur °C bei Leitungen mit		Strombelastbarkeit I_Z in % der Werte in Tabelle Seite 63
zulässiger Leitertemperatur 110 °C	zulässiger Leitertemperatur 180 °C	
bis 80	bis 150	100
85	155	91
90	160	82
95	165	71
100	170	58
105	175	41

Zuordnung von Schmelzsicherungen und Leitungsschutzschaltern, Auslösecharakteristik B oder C für Dauerbetrieb bei Umgebungstemperatur 25 °C

Verlegeart	Gruppe A		Gruppe B1		Gruppe B2		Gruppe C		Gruppe E	
Anzahl der belasteten Adern	2	3	2	3	2	3	2	3	2	3
Nennquerschnitt mm² Cu	Nennstrom der LS-Schalter in A									
1,5	16	13	16	16	16	13	20	16	20	20
2,5	20	16	25	20	20	20	25	25	25	25
4	25	25	32	25	25	25	32	32	40	32
6	32	32	40	32	40	32	50	40	50	40
10	50	40	50	50	50	50	63	63	63	63
16	63	50	80	63	63	63	80	80	80	80
25	80	63	100	80	80	80	100	100	125	100
35	100	80	125	100	100	100	125	125	–	125
50	–	100	–	125	–	125	–	–	–	–

Strombelastbarkeit bei Häufung oder Bündelung von Leitungen

Reduktionsfaktoren für Leitungen und Kabel bei Häufung oder Bündelung entsprechend DIN VDE 0298 Teil 4

Anordnung		Anzahl der Leitungen								
		1	2	3	4	5	6	7	8	9
Gebündelt direkt auf der Wand, dem Fußboden, im Elektroinstallationsrohr oder -kanal, auf oder in der Wand		1,00	0,80	0,70	0,65	0,60	0,57	0,54	0,52	0,50
Einlagig auf der Wand oder Fußboden mit Berührung		1,00	0,85	0,79	0,75	0,73	0,72	0,72	0,71	0,70
Einlagig auf der Wand oder Fußboden, mit Zwischenraum gleich Leitungsdurchmesser		1,00	0,94	0,90	0,90	0,90	0,90	0,90	0,90	0,90
Einlagig unter der Decke, mit Berührung		0,95	0,81	0,72	0,68	0,66	0,64	0,63	0,62	0,61
Einlagig unter der Decke, mit Zwischenraum gleich Leitungsdurchmesser		0,95	0,85	0,85	0,85	0,85	0,85	0,85	0,85	0,85

		Anzahl der Pritschen								
Unperforierte Kabelwannen *		1	0,97	0,84	0,78	0,75	0,73	0,71	0,70	0,69	0,68
		2	0,97	0,83	0,76	0,72	0,70	0,68	0,66	0,64	0,63
		3	0,97	0,82	0,75	0,71	0,68	0,66	0,64	0,62	0,61
		6	0,97	0,81	0,73	0,69	0,66	0,63	0,61	0,59	0,58
Perforierte Kabelwannen *		1	1,0	0,88	0,82	0,79	0,76	0,76	0,74	0,73	0,73
		2	1,0	0,87	0,80	0,77	0,74	0,73	0,70	0,69	0,68
		3	1,0	0,86	0,79	0,76	0,72	0,71	0,68	0,67	0,66
		6	1,0	0,84	0,77	0,73	0,70	0,68	0,66	0,65	0,64
Kabelpritschen **		1	1,0	0,87	0,82	0,80	0,80	0,79	0,78	0,78	0,78
		2	1,0	0,86	0,81	0,78	0,76	0,76	0,74	0,73	0,73
		3	1,0	0,85	0,79	0,76	0,74	0,73	0,72	0,71	0,70
		6	1,0	0,83	0,76	0,73	0,71	0,69	0,68	0,67	0,66

Bei abweichender Verlegeart sind die Reduktionsfaktoren DIN VDE 0298 Teil 4 zu entnehmen.

* Die Umrechnungsfaktoren beziehen sich auf die Verlegeart C
** Die Umrechnungsfaktoren beziehen sich auf die Verlegearten E, F oder G

15.7 Kurzschlußschutz

Leitungsquerschnitt	Bemessungsstrom der Schutzeinrichtung	Abschaltstrom I_A	Schmelzsicherung, Abschaltung nach $t \leq 5$ s			Abschaltstrom I_A	Schmelzsicherung, Abschaltung nach $t \leq 0{,}4$ s		
			Schleifenimpedanz vor der Schutzeinrichtung in mΩ				Schleifenimpedanz vor der Schutzeinrichtung in mΩ		
			100	300	500		100	300	500
			Maximal zulässige Leitungslänge in m				Maximal zulässige Leitungslänge in m		
mm²	A	A				A			
1,5	6	27	267	261	255	47	152	146	140
1,5	10	47	152	146	140	82	86	80	74
1,5	16	65	109	103	97	107	65	59	53
1,5	20	126	55	49	43	145	47	41	35
1,5	25	135	51	45	39	180	37	31	25
2,5	10	47	249	239	229	82	140	130	120
2,5	16	65	178	169	159	107	106	96	86
2,5	20	85	135	125	115	145	77	67	57
2,5	25	110	103	93	83	180	61	51	40
2,5	32	165	67	57	47	265	40	29	19
4	16	65	290	274	258	107	173	157	140
4	20	85	220	204	187	145	125	109	92
4	25	110	168	152	135	180	99	83	66
4	32	150	121	105	88	265	65	48	30
4	40	190	94	77	60	310	54	37	19
4	50	280	61	45	27	460	34	16	0
6	20	85	331	307	282	145	189	164	139
6	25	110	253	229	204	180	150	125	99
6	32	150	182	158	132	265	98	72	46
6	40	190	141	116	91	310	82	56	29
6	50	260	100	75	48	460	51	25	0
6	63	330	76	57	24	550	40	14	0
10	25	110	423	382	340	180	251	209	165
10	32	150	305	264	221	265	163	121	77
10	40	190	236	195	152	310	137	94	49
10	50	260	167	125	81	460	85	41	0
10	63	320	132	89	44	550	68	23	0
10	80	440	90	46	0	820	38	0	0
16	32	150	483	417	350	265	259	192	122
16	40	190	374	308	240	310	217	149	78
16	50	260	265	198	127	460	135	66	0
16	63	320	209	141	69	550	107	37	0
16	80	440	143	73	0	820	61	0	0
16	100	580	100	29	0	1000	43	0	0

Zulässige Kabel- und Leitungslängen für Kupferleiter mit PVC- oder Gummi-Isolierung, Absicherung mit Schmelzsicherungen der Betriebsklasse gG, U_N = 400 V, 50 Hz.

Leitungsquerschnitt	Bemessungsstrom der Schutzeinrichtung	Leitungsschutzschalter, Charakteristik B Abschaltung nach $t \leq 0{,}1$ s*				Leitungsschutzschalter, Charakteristik C Abschaltung nach $t \leq 0{,}1$ s*			
		Abschaltstrom $I_A = 5 \cdot I_N$	Schleifenimpedanz vor der Schutzeinrichtung in mΩ			Abschaltstrom $I_A = 10 \cdot I_N$	Schleifenimpedanz vor der Schutzeinrichtung in mΩ		
			100	300	500		100	300	500
			Maximal zulässige Leitungslänge in m				Maximal zulässige Leitungslänge in m		
mm²	A	A				A			
1,5	6	30	240	234	228	60	118	112	106
1,5	10	50	143	137	131	100	70	64	57
1,5	16	80	88	82	76	160	42	36	30
1,5	20	100	70	64	57	200	33	27	20
1,5	25	125	55	49	43	250	26	20	13
2,5	10	50	233	224	214	100	114	104	94
2,5	16	80	144	134	124	160	69	59	49
2,5	20	100	114	104	94	200	54	44	34
2,5	25	125	90	80	70	250	42	32	21
2,5	32	160	69	59	49	320	32	22	10
4	16	80	234	218	202	160	113	96	80
4	20	100	186	169	153	200	89	72	55
4	25	125	147	131	114	250	69	53	35
4	32	160	113	96	80	320	52	35	17
4	40	200	89	72	55	400	40	23	4
6	20	100	279	225	230	200	133	109	83
6	25	125	221	197	172	250	104	79	53
6	32	160	170	145	120	320	79	53	26
6	40	200	133	109	83	400	60	35	7
6	50	250	104	79	53	500	46	19	0
6	63	315	80	55	28	630	34	7	0
10	25	125	370	329	287	250	175	132	88
10	32	160	284	243	201	320	132	89	44
10	40	200	223	182	139	400	101	58	11
10	50	250	175	132	88	500	77	33	0
10	63	315	134	92	47	630	56	11	0
16	32	160	451	385	317	320	209	141	69
16	40	200	354	288	219	400	160	92	18
16	50	250	277	210	140	500	121	52	0
16	63	315	213	145	73	630	89	18	0

* Für die Abschaltzeiten 0,4 s und 5 s gelten die gleichen Leitungslängen.
Zulässige Kabel- und Leitungslängen für Kupferleiter mit PVC- oder Gummi-Isolierung, Absicherung mit Leitungsschutzschaltern der Charakteristik B und C, U_N = 400 V, 50 Hz.

15.8 Antennenanlagen
Übertragungsbereiche des Ton- und Fernsehrundfunks

	Bereich		Frequenz in MHz	Kanal-abstand	Kanäle
Ton-rundfunk	Langwelle	L	0,15 ··· 0,285	9 kHz	–
	Mittelwelle	M	0,51 ··· 1,605	9 kHz	–
	Kurzwelle	K	3,95 ··· 26,1	–	–
	Ultra-kurzwelle (F II)	U	87,5 ··· 104	300 kHz	2 ··· 56
Fernseh-rundfunk	VHF	F I	47 ··· 68	7 MHz	2 ··· 4
		F III	174 ··· 230	7 MHz	5 ··· 12
	UHF	F IV	470 ··· 582	8 MHz	21 ··· 34
		F V	582 ··· 790	8 MHz	35 ··· 60
		F V	790 ··· 960	8 MHz	61 ··· 81
Sonder-bereiche der Telekom (BK-Netz)	USB (Unterer)		125 ··· 174	7 MHz	1 ··· 7
	OSB (Oberer)		230 ··· 300	7 MHz	8 ··· 17
	ESB (Erweiterter)		302 ··· 466	8 MHz	18 ··· 37
Satelliten-rundfunk	SHF	F VI	10,7 ··· 12,75 GHz (ZF : 950 ··· 2050 MHz)	36 MHz	1 ··· 50 (Trans-ponder)

Nutzpegel an Antennen- und Empfangsanlagen

Bereich	Nutzpegel in dB µV			
	an der Bezugs-antenne	am Empfängeranschluß		
		Mindestwert	Empfehlung	Maximalwert
UKW	–	40	56	80
UKW Stereo	40	50	56	80
F I (K2 bis K4)	49	52	60	84
F III (K5 bis K12)	47	54	60	84
F IV/V (K21 bis K65)	53	57	60	84

Elektromagnetische Wellen

Wellenlänge: $\quad \lambda = \dfrac{c}{f} \quad$ m

$c \approx 3 \cdot 10^8$ m/s
Ausbreitungsgeschwindigkeit im freien Raum (Vakuum oder Luft)

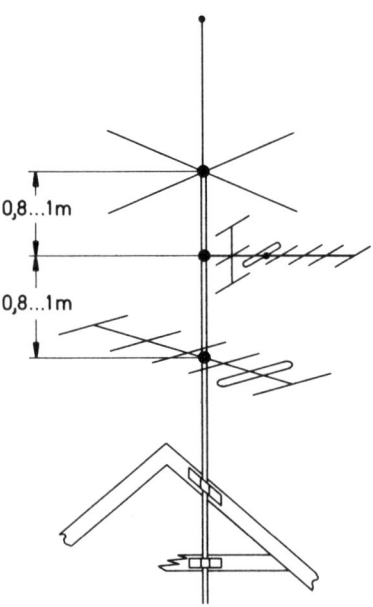

Mindestabstände in m zwischen den Befestigungspunkten der Antennenelemente

	F I	UKW	F III	F IV	F V
F I	2,5	1,4	1,4	0,8	0,8
UKW 1,4	1,1	0,8	0,8	0,8	0,8
F III	1,4	0,8	0,8	0,8	0,8
F IV	0,8	0,8	0,8	0,6	0,5
F V	0,8	0,8	0,8	0,5	0,5

Mindestabstände zwischen Antennen und Starkstromfreileitungen bis 1000 V

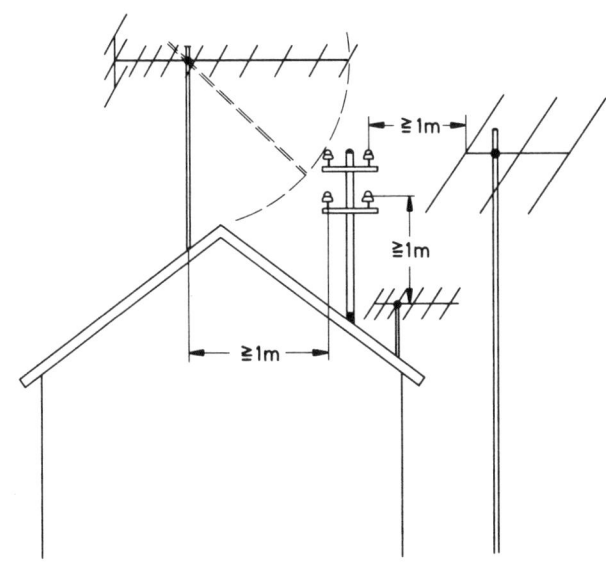

Berechnung der Windlast von Standrohren
Gesamtbiegemoment:

$$M_b = W_{A1} \cdot l_1 + W_{A2} \cdot l_2 + \ldots \quad N \cdot m$$

W_{A1}, W_{A2} Windlast der einzelnen Antenne

l_1, l_2 Abstand von der oberen Einspannstelle des Standrohrs bis zum Befestigungspunkt der Antenne

Erdungsleitungen für Antennen (Mindestanforderungen)

Werkstoff	außerhalb von Gebäuden	innerhalb von Gebäuden
Stahl (verzinkt)	Volldraht 8 mm $\varnothing$ Band 20 mm × 2,5 mm	–
Kupfer	NYY 16 mm^2	blank oder isoliert, eindrähtig 16 mm^2
Aluminium	NAYY 25 mm^2	25 mm^2

16 Pegel und Dämpfung

P_1, U_1, Z_1 Bezugs- oder Eingangsgrößen
P_2, U_2, Z_2 Größen am Meßpunkt

Relativer Leistungspegel:
a) Bei Leistungsanpassung: $Z_1 = Z_2$

$$L_P = 10 \cdot \lg \frac{P_2}{P_1} \text{ dB}; \quad \frac{P_2}{P_1} = 10^{L_P/10 \text{ dB}}$$

b) Ohne Leistungsanpassung: $Z_1 \neq Z_2$

$$L_P = 20 \cdot \lg \frac{U_2}{U_1} + 10 \cdot \lg \frac{Z_1}{Z_2} \text{ dB}$$

Relativer Spannungspegel:
Bei Leistungsanpassung: $Z_1 = Z_2$

$$L_U = 20 \cdot \lg \frac{U_2}{U_1} \text{ dB}; \quad \frac{U_2}{U_1} = 10^{L_U/20 \text{ dB}}$$

Absoluter Leistungspegel,
bezogen auf: $P_0 = 1$ mW

$$L_P = 10 \cdot \lg \frac{P_2}{P_0} = 10 \cdot \lg \frac{P_2}{1 \text{mW}} \text{ dB}$$

$$P_2 = 10^{L_P/10 \text{ dB}} \cdot 1 \text{mW}$$

Absoluter Spannungspegel, bezogen auf:
a) $P_0 = 1$ mW an $R_0 = 600\,\Omega \;\hat{=}\; U_0 = 775$ mV

$$L_U = 20 \cdot \lg \frac{U_2}{U_0} = 20 \cdot \lg \frac{U_2}{775 \text{mV}} \text{ dBu}$$

$$U_2 = 10^{L_U/20 \text{ dBu}} \cdot 775 \text{mV}$$

b) $U_0 = 1$ µV an $R_0 = 75\,\Omega$
($P_0 = 13{,}3$ fW $= 13{,}3 \cdot 10^{-15}$ W)

$$L_U = 20 \cdot \lg \frac{U_2}{U_0} = 20 \cdot \lg \frac{U_2}{1\mu V} \text{ dBµV};$$

$$U_2 = 10^{L_U/20 \text{ dBµV}} \cdot 1\mu V$$

Dämpfungsmaß:

$$a_U = 20 \cdot \lg \frac{U_1}{U_2} \text{ dB} = L_{U1} - L_{U2}$$

$$a_P = 10 \cdot \lg \frac{P_1}{P_2} \text{ dB} = L_{P1} - L_{P2}$$

Verstärkungsmaß:

$$L_U = v_U = -a_U = 20 \cdot \lg \frac{U_2}{U_1} \text{ dB}$$

$$L_P = v_P = -a_P = 10 \cdot \lg \frac{P_2}{P_1} \text{ dB}$$

Leistungs- und Spannungswerte bei verschiedenen Impedanzen

L_P (dB)	P (W)	U (V) an Z = 50 Ω	U (V) an Z = 75 Ω	U (V) an Z = 600 Ω
80	100 k	2236	2738	7746
70	10 k	707	866	2449
60	1 k	224	274	775
50	100	70,7	86,6	245
40	10	22,4	27,4	77,5
30	1	7,07	8,66	24,5
20	100 m	2,24	2,74	7,75
10	10 m	707 m	866 m	2,45
9	7,94 m	630 m	772 m	2,18
8	6,31 m	562 m	688 m	1,95
7	5,01 m	501 m	613 m	1,73
6	3,98 m	446 m	546 m	1,55
5	3,16 m	398 m	487 m	1,38
4	2,51 m	354 m	434 m	1,23
3	2,00 m	316 m	387 m	1,09
2	1,58 m	282 m	345 m	975 m
1	1,26 m	251 m	307 m	868 m
0	1,00 m	224 m	274 m	775 m
−1	794 µ	199 m	244 m	690 m
−2	631 µ	178 m	218 m	615 m
−3	501 µ	158 m	194 m	548 m
−4	398 µ	141 m	173 m	489 m
−5	316 µ	126 m	154 m	436 m
−6	251 µ	112 m	137 m	388 m
−7	200 µ	100 m	122 m	346 m
−8	158 µ	89,0 m	109 m	308 m
−9	126 µ	79,3 m	97,2 m	275 m
−10	100 µ	70,7 m	86,6 m	245 m
−20	10 µ	22,4 m	27,4 m	77,5 m
−30	1 µ	7,07 m	8,66 m	24,5 m
−40	100 n	2,24 m	2,74 m	7,75 m
−50	10 n	707 µ	707 µ	2,45 m
−60	1 n	224 µ	224 µ	775 µ
−70	100 p	70,7 µ	70,7 µ	245 µ
−80	10 p	22,4 µ	27,4 µ	77,5 µ
−90	1 p	7,07 µ	8,66 µ	24,5 µ
−100	100 f	2,24 µ	2,74 µ	7,75 µ

Umrechnung von Pegeln:
1 Np (Neper) = 8,686 dB

17 Wärmetechnik

| Berechnete Größe | Formel | Einheit, Erklärung |

17.1 Wärmearbeit, Temperaturerhöhung

Wärmemenge, Wärmearbeit: $\quad Q = W = m \cdot c \cdot \Delta\vartheta$

$1\,J = 1\,W \cdot s$
m erwärmte Stoffmenge in kg
$\Delta\vartheta$ Temperaturerhöhung in K
c spez. Wärmemenge in $\dfrac{J}{kg \cdot K}$
(Tabelle 21.1)

Wärmegeräte: $\quad Q = W_{el}$
$m \cdot c \cdot \Delta\vartheta = 3{,}6 \cdot 10^6 \cdot P \cdot t \cdot \eta$

$1\,J = 1\,Ws$
P in kW
t in h

Mischungsregel: $\quad Q_{ab} = Q_{zu}$
$m_1 \cdot c_1 \cdot (\vartheta_1 - \vartheta_m) = m_2 \cdot c_2 \cdot (\vartheta_m - \vartheta_2)$

J

Mischungstemperatur: $\quad \vartheta_m = \dfrac{m_2 \cdot c_2 \cdot \vartheta_2 + m_1 \cdot c_1 \cdot \vartheta_1}{m_2 \cdot c_2 + m_1 \cdot c_1}$

°C

Mengenverhältnis: $\quad \dfrac{m_1}{m_2} = \dfrac{c_2 \cdot (\vartheta_m - \vartheta_2)}{c_1 \cdot (\vartheta_1 - \vartheta_m)}$

ϑ_1 höhere Temperatur
ϑ_2 niedrigere Temperatur

17.2 Wärmebedarf von Räumen (nach DIN 4701)

Wärmeleitwiderstand der Schicht:

$$R_\lambda = \frac{d}{\lambda} \qquad \frac{m^2 \cdot K}{W}$$

Wärmedurchgangswiderstand:

$$R_k = R_i + \Sigma R_\lambda + R_a$$

R_λ Wärmeleitwiderstand (Wärmedurchlaßwiderstand)
R_i innerer Wärmeübergangswiderstand (Tabelle 17.1)
R_a äußerer Wärmeübergangswiderstand (Tabelle 17.1)
d Materialdicke in m
λ Wärmeleitfähigkeit des Materials in $\frac{W}{m \cdot K}$
(Tabelle 17.2)

Norm-Wärmedurchgangskoeffizient:

$$k_N = k + \Delta k_A + \Delta k_S \qquad \frac{W}{m^2 \cdot K}$$

k_A Außenflächenkorrektur

$$k_S = -0{,}3 \; \frac{W}{m^2 \cdot K}$$

Sonnenkorrektur (für Klarglas)

Norm-Transmissionswärmebedarf:

$$\dot{Q}_T = \Sigma\,(A \cdot k_N \cdot \Delta\vartheta) \qquad W$$

A Fläche (Wand, Fenster usw.) in m^2

Temperaturdifferenz:

$$\Delta\vartheta = \vartheta_i - \vartheta_a$$

ϑ_i Norm-Innentemperatur
ϑ_a Norm-Außentemperatur

Norm-Lüftungswärmebedarf:

$$\dot{Q}_L = V_L \cdot c \cdot \Delta\vartheta \quad W$$

oder

$$\dot{Q}_L = \Sigma\,(a \cdot l)_A \cdot H \cdot r \cdot \Delta\vartheta$$

V_L durchströmende Luftmenge in $\dfrac{m^3}{h}$

spezifische Wärme für Luft:

$$c = 0{,}36\,\dfrac{Wh}{m^3 \cdot K}$$

a Fugendurchlaß-koeffizient von Fenstern und Türen in
$$\dfrac{m^3}{m \cdot h \cdot (Pa)^{2/3}}$$

Norm-Wärmebedarf = Wärmeleistung:

$$\dot{Q}_N = P$$
$$\dot{Q}_N = \dot{Q}_T + \dot{Q}_L$$

l Fugenlänge in m
A Index für windangeströmte Räume
H Hauskenngröße für Gebäude bis 10 m Höhe
r Raumkennzahl

Tabelle 17.1 Wärmeübergangswiderstände R

Wandinnenseite u. Fußboden bzw. Decken mit Wärmestrom von unten nach oben	$R_i = 0{,}13$	$\dfrac{m^2 \cdot K}{W}$
Fußboden und Decken mit Wärmestrom von oben nach unten	$R_i = 0{,}17$	$\dfrac{m^2 \cdot K}{W}$
Wandaußenseite bei mittlerer Windgeschwindigkeit	$R_a = 0{,}04$	$\dfrac{m^2 \cdot K}{W}$

Tabelle 17.2 Wärmeleitfähigkeit λ in $\dfrac{W}{m \cdot K}$

Vollziegel	0,52	Putz (Kalkmörtel)	0,87
Kalksandvollstein	0,99	Zementmörtel	1,40
Schaumbetonstein	0,41	Schaumkunststoffe	0,04
Beton	2,1		

17.3 Wärmewiderstand, Verlustleistung, Kühlkörper

Wärmewiderstand oder thermischer Widerstand allgemein:

$$R_{th} = \frac{\vartheta_2 - \vartheta_1}{P} = \frac{\Delta\vartheta}{P} \quad \frac{K}{W}$$

Zulässige Verlustleistung eines Bauelements:

$$P_{tot} \geqq P_{Vzul} = \frac{\vartheta_J - \vartheta_u}{R_{thJU}} \quad 1\,W = 1\,\frac{K}{K/W}$$

P_{tot} Maximal zulässige Verlustleistung laut Datenblatt

P_{Vzul} Maximal zulässige Verlustleistung bei den gegebenen Einbaubedingungen

Bei Bauelementen, die auf einen Kühlkörper montiert sind, ist der gesamte Wärmewiderstand:

$$R_{thJU} = R_{thJG} + R_{thGK} + R_{th\,KU}$$

ϑ_J Zulässige Sperrschichttemperatur laut Datenblatt

ϑ_U Temperatur des umgebenden Kühlmediums

R_{thJG} (R_{thJC}) Wärmewiderstand zwischen Sperrschicht und Gehäuse

R_{thGK} Wärme-Übergangswiderstand vom Gehäuse zum Kühlkörper

R_{thKU} (R_{thK}) Wärmeabgabewiderstand des Kühlkörpers an das umgebende Kühlmittel (Luft)

	cm² K/W	$R_{th\,GK}$ in K/W		
		TO 3	TO 126	TO 220
ohne Wärmeleitpaste				
Metall – Metall	1,0	0,2	3,5	0,7
Metall – Eloxal	2,0	0,4	7,2	1,4
Glimmer 50 µm	6,5	1,3	22,7	4,5
Glimmer 100 µm	7,5	1,5	26,2	5,3
mit Wärmeleitpaste				
Metall – Metall	0,5	0,1	1,8	0,4
Metall – Eloxal	1,4	0,3	5,0	1,0
Glimmer 50 µm	2,0	0,4	7,0	1,4
Glimmer 100 µm	3,0	0,6	10,5	2,1

Tabelle 17.3 Wärmekontaktwiderstände (R_{thGK}) für plane Flächen zwischen verschiedenen Medien, bezogen auf 1 cm² Kontaktfläche und für einige Gehäuseformen von Halbleiterbauelementen

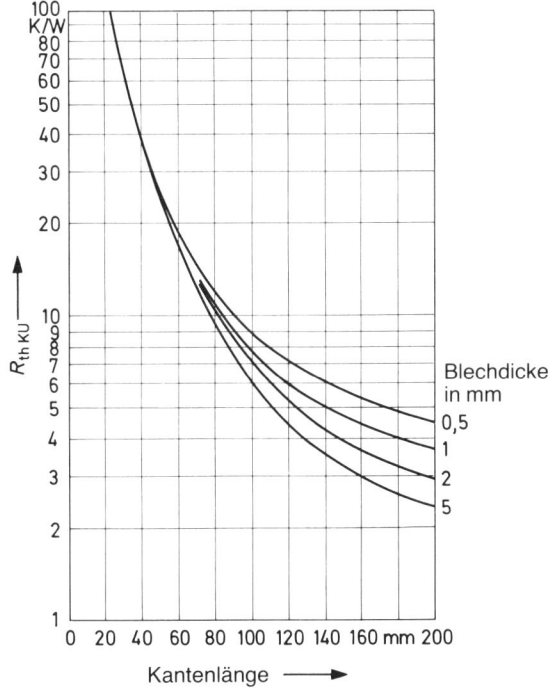

Wärmeabgabewiderstand (R_{thKU}) in Abhängigkeit von der Kantenlänge eines quadratischen Aluminiumblechs für verschiedene Blechdicken

18 Beleuchtungstechnik

Berechnete Größe	Formel	Einheit, Erklärung

Lichtausbeute:
$$\eta = \frac{\Phi_0}{P}$$
$$\frac{\text{lm}}{\text{W}}$$

Beleuchtungsstärke:
$$E = \frac{\Phi_{\text{Nutz}}}{A}$$
$$\text{lx} = \frac{\text{lm}}{\text{m}^2}$$

Φ_0 Lichtstrom je Lampe in lm
A beleuchtete Fläche (Raumfläche) in m²
Φ_{Nutz} Lichtstrom auf der beleuchteten Ebene (Nutzebene) in lm
P elektrische Leistung in W

Beleuchtungsstärke auf einer horizontalen Ebene (aus LVK):
$$E_h = \frac{I_\gamma}{h^2} \cdot (\cos\gamma)^3$$

I Lichtstärke in cd
I_γ Lichtstärke in cd unter dem Winkel γ
$\cos\gamma$ Kosinus des Ausstrahlungswinkels γ
h Höhe (Abstand) in m zwischen Lichtquelle und beleuchteter Fläche

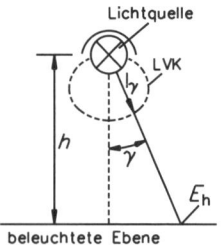

Leuchtdichte einer selbstleuchtenden (durchscheinenden) Fläche unter schrägem Blickwinkel:

$$L_{\gamma} = \frac{I_{\gamma}}{A_S \cdot \cos_{\gamma}} p \qquad \frac{cd}{m^2}$$

A_S selbstleuchtende Fläche in m^2

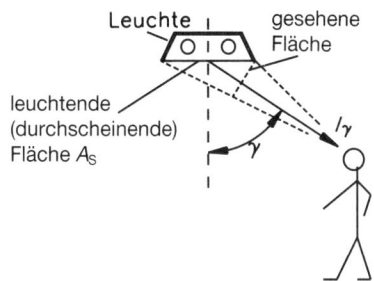
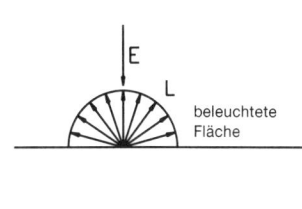

Leuchtdichte einer beleuchteten Fläche bei diffuser Reflexion:

$$L = \frac{E \cdot \rho}{\pi}$$

ρ Reflexionsgrad der beleuchteten Fläche (ohne Einheit)

Raumindex:

$$k = \frac{a \cdot b}{h \cdot (a + b)}$$

k ohne Einheit
a Raumlänge in m
b Raumbreite in m

Beleuchtungswirkungsgrad:

$$\eta_B = \eta_{LB} \cdot \eta_R$$

η_{LB} Leuchtenbetriebswirkungsgrad

Gesamtlichtstrom:

$$\Phi_{ges} = \frac{E_n \cdot A \cdot p}{\eta_B}$$

E_n Nennbeleuchtungsstärke in lx nach DIN 5035
η_R Raumwirkungsgrad
p Planungsfaktor (ohne Einheit)

Lampenzahl:

$$n_{La} = \frac{\Phi_{ges}}{\Phi_0}$$

19 Elektronik

18.1 Halbleiterbauelemente (mit den wichtigsten Kenndaten)

18.1.1 Veränderliche Widerstände

NTC-Widerstand, Heißleiter
Temperaturbeiwert:

$\alpha \approx -3 \ldots -6 \; \frac{\%}{K}$ bei $\vartheta \approx 25\,°C$

Widerstand bei Nenntemperatur
(z. B. bei $\vartheta_N = 25\,°C$): R_N

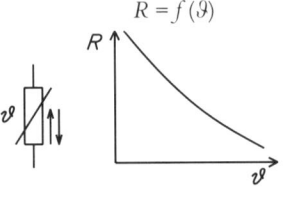
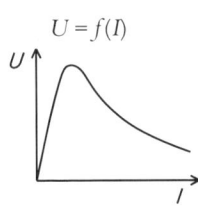

PTC-Widerstand, Kaltleiter
Temperaturbeiwert:

$\alpha \approx +6 \ldots 60 \; \frac{\%}{K}$ bei $\vartheta > \vartheta_A$

Anfangstemperatur: ϑ_A
Anfangswiderstand: R_A

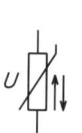
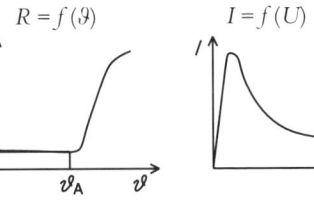

VDR, Spannungsabhängiger Widerstand, Varistor
(Metalloxid-Varistor)
Betriebsspannungsbereich
Ansprechzeit

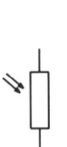
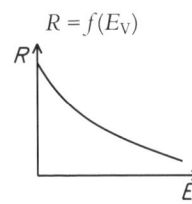

LDR, Fotowiderstand
Dunkelwiderstand: R_0
Hellwiderstand bei
$E = 1000\,lx$: R_{1000}

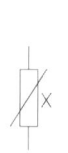
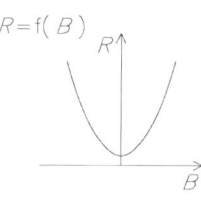

MDR, Feldplatte, Magnetfeldabhängiger Widerstand
Grundwiderstand: R_0
Widerstand bei $B = 1\,T$: R_{1T}

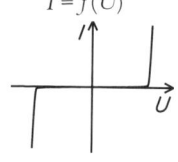

Hallgenerator
Leerlaufhallspannung
U_{20} bei Nennsteuerstrom I_{1N}
und magnetischer Flußdichte $B = 1T$

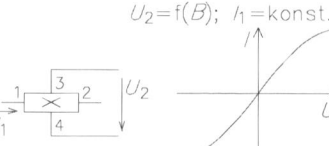

19.1.2 Dioden

Gleichrichter- und Signaldiode
(Silizium)
Fluß- oder Durchlaßspannung:
$U_F \approx 0{,}7\,\text{V} \ldots 1\,\text{V}$
Sperrverzugszeit: t_{rr}
Durchbruchspannung: U_{Br}

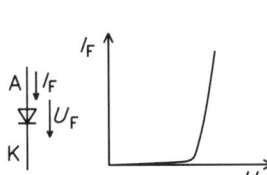
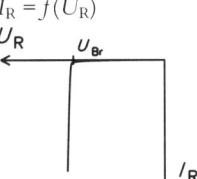

Schottky-Diode
Flußspannung: $U_F \approx 0{,}4\,\text{V}$
Sperrverzugszeit: t_{rr}

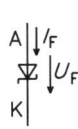
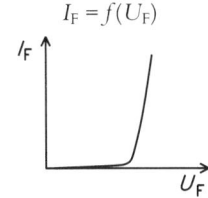

Z-Diode
Nenn-Z-Spannung bei Meßstrom
(z. B. $I_M = 5\,\text{mA}$): U_Z
differentieller Z-Widerstand:
$$r_Z = \frac{\Delta U_Z}{\Delta I_Z}$$
Temperaturbeiwert der
Z-Spannung:
$\quad a_{UZ}$ in K^{-1}

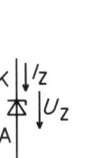
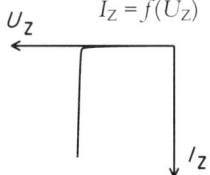

LED, Leuchtdiode
Flußspannung je nach Farbe
rot: $U_F \approx 1{,}6\,\text{V} \ldots 2{,}0\,\text{V}$
gelb: $U_F \approx 1{,}8\,\text{V} \ldots 2{,}2\,\text{V}$
grün: $U_F \approx 2{,}0\,\text{V} \ldots 2{,}4\,\text{V}$

IRED, Infrarotdiode:
$\quad U_F \approx 1{,}0 \ldots 1{,}2\,\text{V}$

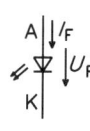
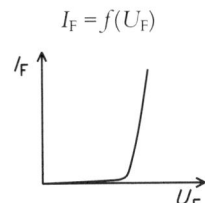

Fotodiode

Fotoempfindlichkeit: S in nA/lx
Fotostrom bei $E_V = 1000\,\text{lx}$: I_P
Dunkelstrom: I_0

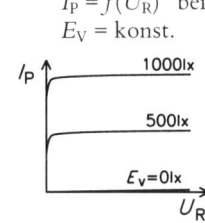

Fotoelement, Solarzelle
(Silizium)
Leerlaufspannung:
$U_0 \approx 0{,}5\text{ V} \ldots 0{,}6\text{ V}$
Kurzschlußstrom bei $E_V = 1000$ lx

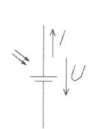
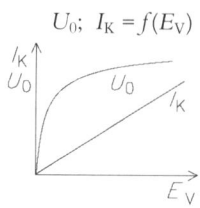

$U_0;\ I_K = f(E_V)$

Kapazitätsdiode
Kapazitätsverhältnis:
$\dfrac{C_{3V}\ (\text{bei } U_R = 3\text{ V})}{C_{30V}\ (\text{bei } U_R = 30\text{ V})}$

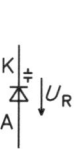
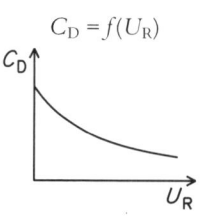

$C_D = f(U_R)$

19.1.3 Transistoren

Bipolartransistor (Silizium)

$U_{BE} \approx 0{,}6\text{ V} \ldots 0{,}8\text{ V}$
Gleichstrom- oder Großsignal-
Stromverstärkung:
$B = \dfrac{I_C}{I_B}$

Dynamische oder Kleinsignal-
Stromverstärkung:
$\beta = h_{21} = \dfrac{\Delta I_C}{\Delta I_B}$

NPN-Typ

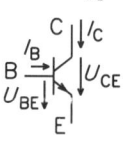

PNP-Typ

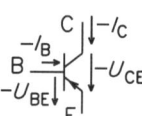

Kennlinien vom NPN-Typ
$I_B = f(U_{BE});\quad I_C = f(U_{CE});$
$(U_{CE} = \text{konst.});\ (I_B = \text{konst.})$

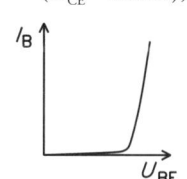
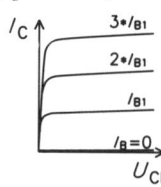

Darlingtontransistor (NPN-Typ)

Stromverstärkung: $B = \dfrac{I_C}{I_B} \approx B_1 \cdot B_2$
$U_{BE} \approx 1{,}2\text{ V} \ldots 1{,}6\text{ V}$

$I_B = f(U_{BE})$

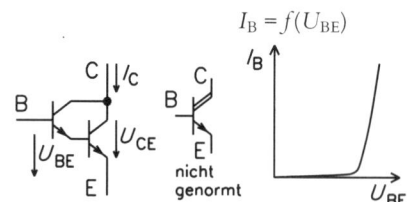

Fototransistor (NPN-Typ)

Fotostrom bei $E_V = 1000$ lx und
$U_{CE} = 5\text{ V}:\ I_P$

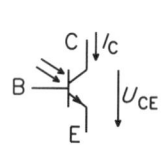

$I_C = f(U_{BE})$ bei
$E_V = \text{konst.}$

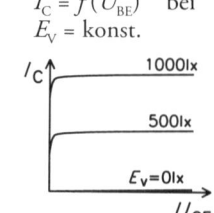

J-FET, Sperrschicht-Feldeffekt-Transistor N-Kanal-Typ
Gate-Sättigungsspannung: U_{GSS}
Drain-Sättigungsstrom: I_{DSS}
Steilheit: $S = g_{fs} = \dfrac{\Delta I_D}{\Delta U_{GS}}$
Ein-Widerstand: R_{DSon}

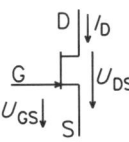

$I_D = f(-U_{GS})$; U_{DS} = konst.

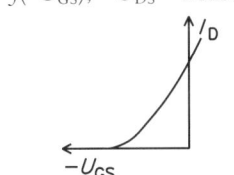

Selbstsperrender MOS-FET
(Anreicherungs-IG-FET)
auch VMOS-, Power-MOS-FET
Steilheit: $S = \dfrac{\Delta I_D}{\Delta U_{GS}}$
Schwellspannung: U_{th}

N-Kanal-Typ

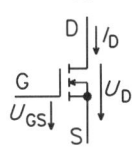

$I_D = f(U_{GS})$, U_{DS}-konst.

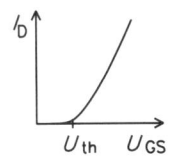

Ein-Widerstand: R_{DSon}

P-Kanal-Typ

$I_D = f(U_{GS})$, U_{DS}-konst.

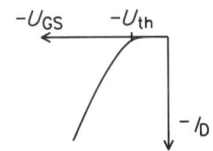

Selbstleitender MOS-FET
(Verarmungs-IG-FET)
Steilheit: $S = \dfrac{\Delta I_D}{\Delta U_{GS}}$

N-Kanal-Typ

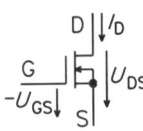

$I_D = f(U_{GS})$, U_{DS}-konst.

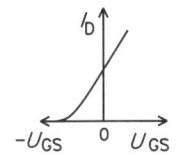

P-Kanal-Typ

$I_D = f(U_{GS})$, U_{DS}-konst.

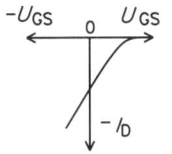

UJT, Unijunktiontransistor
Höckerspannung,
Kippspannung: U_P
Talspannung: U_V
Talstrom: I_V
Inneres Spannungsverhältnis:
$$\eta \approx \dfrac{U_P}{U_{BB}}$$

(N-Kanal-Typ)

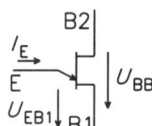

$I_E = f(U_{EB1})$; U_{BB} = konst.

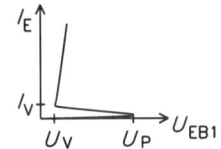

19.1.4 Thyristoren

Vierschichtdiode, Thyristordiode
Kippspannung,
Schaltspannung: U_{BO}
Haltestrom: I_H

$I_D = f(U_D)$

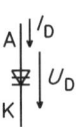
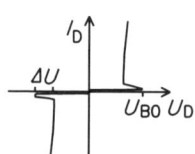

DIAC (in Dreischichtaufbau)
Durchbruchspannung
(symmetrisch): U_{BO}
Rücklaufspannung
(symmetrisch): ΔU

$I_D = f(U_D)$

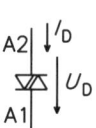
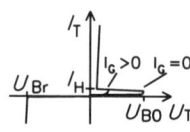

Thyristor
Rückwärtssperrende
Thyristortriode
Freiwerdezeit: t_q
Periodische Spitzensperrspannung:
U_{DRM}/U_{RRM}
Dauergrenzstrom: I_{TAV}

$I_T = f(U_T)$

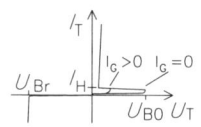

GTO-Thyristor
Abschalt-Thyristor

$I_T = f(U_T)$
(siehe Thyristor)

Thyristortetrode, PUT

$I_T = f(U_T)$
(siehe Thyristor)

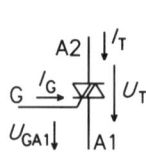

TRIAC,
Zweirichtungs-Thyristor
Kritische Spannungssteilheit

$I_T = f(U_T)$

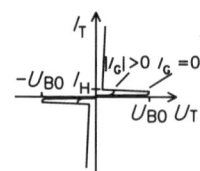

19.2 Gleichrichterschaltungen
19.2.1 Gleichrichterschaltungen mit Ladekondensator

U_I Effektivwert der Eingangsspannung
U_d arithmetischer Mittelwert der gleichgerichteten Spannung
U_{RRM} periodische Dioden-Spitzensperrspannung
U_W Effektivwert der der Ausgangsspannung überlagerten Wechselspannung (Brummspannung)
I_d arithmetischer Mittelwert des Gleichstroms
I_{FAV} arithmetischer Mittelwert des Diodenstroms
S_T Trafo-Typenleistung
f Frequenz der Eingangsspannung
f_w Pulsfrequenz der gleichgerichteten Spannung

$$w = \frac{U_W}{U_d} \cdot 100\% \text{ Welligkeit}$$

Alle Berechnungen gelten bei Belastung des Ausgangs. Der Ladekondensator ist so dimensioniert, daß die Welligkeit der Ausgangsspannung $w = 5\%$ beträgt.

		$\frac{U_d}{U_I}$	C_L	$\frac{U_{RRM}}{U_I}$	$\frac{I_{FAV}}{I_d}$	$\frac{S_T}{U_d \cdot I_d}$	$\frac{f_w}{f}$
M1	mit Ladekondensator	1,18	$\frac{0{,}25 \cdot I_d}{U_W \cdot f_w}$	2,83	1,43	1,73	1
B2	mit Ladekondensator	1,25	$\frac{0{,}2 \cdot I_d}{U_W \cdot f_w}$	1,41	0,72	1,24	2
M2	mit Ladekondensator	1,25	$\frac{0{,}2 \cdot I_d}{U_W \cdot f_w}$	2,83	0,72	1,48	2

19.2.2 Gleichrichterschaltungen mit ohmscher und mit induktiver Last

Verwendete Formelzeichen:

- U_I Effektivwert der Eingangsspannung
- U_d arithmetischer Mittelwert der gleichgerichteten Spannung
- U_{RRM} periodische Diodenspitzen-Sperrspannung
- U_W Effektivwert der der Ausgangsspannung überlagerten Wechselspannung (Brummspannung)
- I_I Effektivwert des Wechselstroms; Trafostrom
- I_d arithmetischer Mittelwert des Gleichstroms
- I_{FAV} arithmetischer Mittelwert des Diodenstroms
- I_{FRMS} Effektivwert des Diodenstroms
- S_T Trafo-Typenleistung
- f Frequenz der Eingangsspannung
- f_w Pulsfrequenz der gleichgerichteten Spannung
- w Welligkeit der Ausgangsspannung $w = U_w/U_d$ in %

		$\dfrac{U_d}{U_I}$	$\dfrac{I_d}{I_I}$	$\dfrac{U_{RRM}}{U_d}$	$\dfrac{I_{FAV}}{I_d}$	$\dfrac{I_{FRMS}}{I_d}$	$\dfrac{S_T}{U_d \cdot I_d}$	$\dfrac{f_w}{f}$	w in %	Stromflußwinkel Diode
M1 Einpuls-Mittelpunkt-Schaltung	$\dfrac{L}{R} = 0$	0,45	0,64	3,14	1	1,57	3,09	1	121	180°

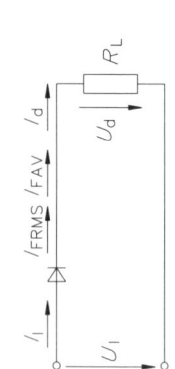

B2 Zweipuls-Brücken-Schaltung	$\frac{L}{R} = 0$	0,9	0,9		0,785	1,23		48,2	180°
	$\frac{L}{R} = \infty$		1	1,57	0,5	0,707	1,11	2	
M2 Zweipuls-Mittel-punkt-Schaltung	$\frac{L}{R} = 0$	0,9	1,28	1,57	0,5	0,785	1,48	2	48,2	180°
M3 Dreipuls-Mittel-punkt-Schaltung	$\frac{L}{R} = \infty$	0,68	1,72	2,09	0,333	0,577	1,35	3	18,3	120°
B6 Sechspuls-Brük-ken-Schaltung	$\frac{L}{R} = \infty$	1,35	1,22	1,05	0,333	0,577	1,05	6	4,2	120°

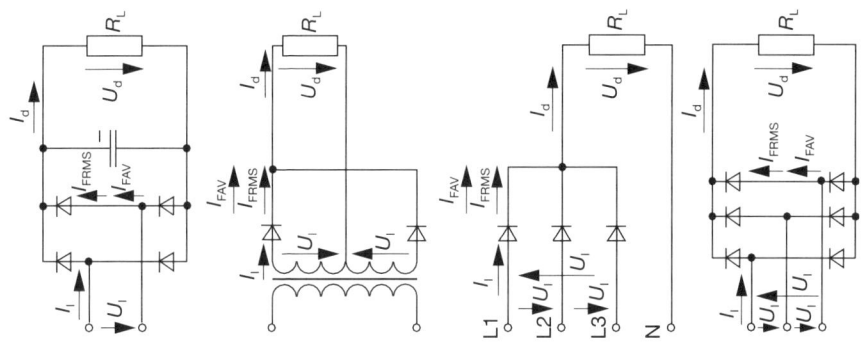

19.2.3 Spannungsverdoppler und Vervielfacherschaltungen

Die Ausgangsspannungen sind nur für sehr kleine Lastströme geeignet.
U_I Effektivwert der Eingangswechselspannung
U_d arithmetischer Mittelwert der Ausgangsspannung (je nach Belastung)
$\hat{u}_I$ Maximalwert der Eingangswechselspannung

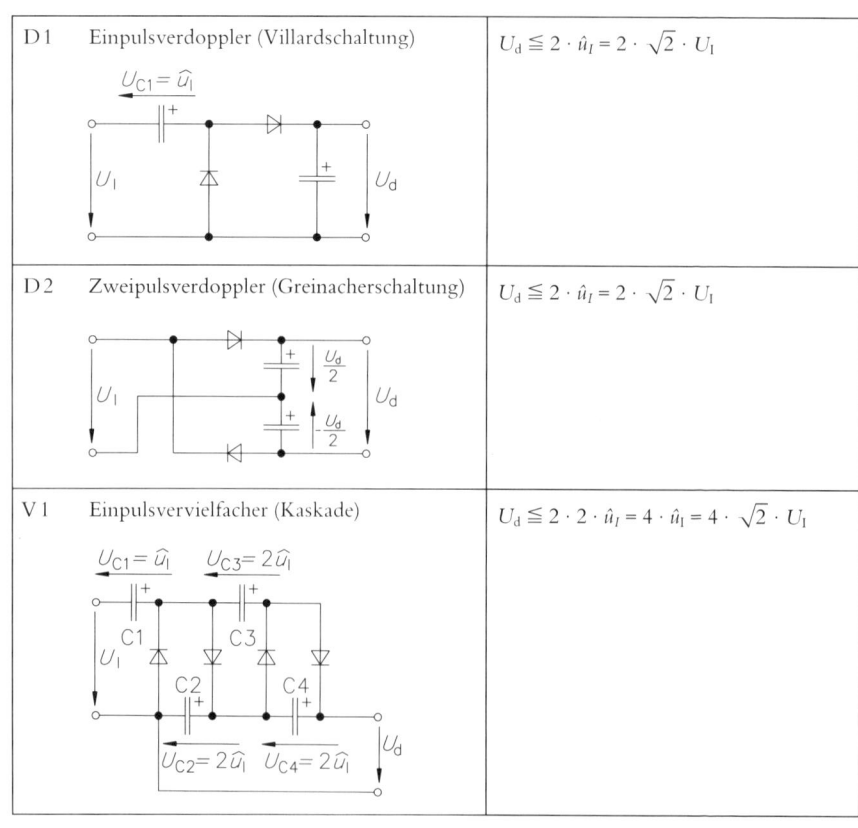

D 1	Einpulsverdoppler (Villardschaltung)	$U_d \leqq 2 \cdot \hat{u}_I = 2 \cdot \sqrt{2} \cdot U_I$
D 2	Zweipulsverdoppler (Greinacherschaltung)	$U_d \leqq 2 \cdot \hat{u}_I = 2 \cdot \sqrt{2} \cdot U_I$
V 1	Einpulsvervielfacher (Kaskade)	$U_d \leqq 2 \cdot 2 \cdot \hat{u}_I = 4 \cdot \hat{u}_I = 4 \cdot \sqrt{2} \cdot U_I$

19.2.4 Steuerkennlinien u. Schaltungen gesteuerter Gleichrichterschaltungen

Abhängigkeit des Steuerwinkels α und von der Schaltungsart

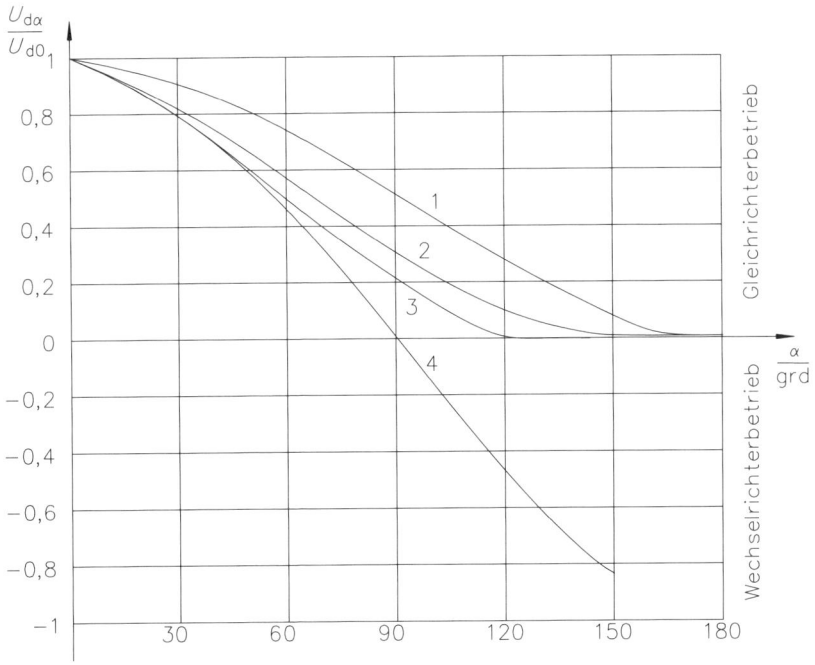

1. Zweipulsige vollgesteuerte Schaltung (B2C) mit ohmscher Last. Zweipulsige halbgesteuerte Schaltung (B2HZ, B2HK) mit ohmscher oder induktiver Last.
2. Dreipulsige vollgesteuerte Schaltung (M3C) mit ohmscher Last.
3. Sechspulsige vollgesteuerte Schaltung (B6C) mit ohmscher Last.
4. Zwei-, drei- und sechspulsige vollgesteuerte Schaltung (B2C, M3C, B6C) mit induktiver bzw. aktiver Last.

Gesteuerte Zweipuls-Brückenschaltung

B2C 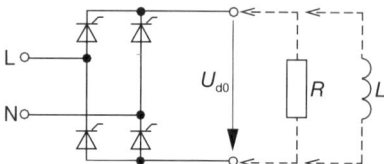 arithmetischer Mittelwert der Ausgangsspannung bei $\alpha = 0°$
$U_{d0} = 0,9 \cdot U_{LN}$

Halbgesteuerte Zweipuls-Brückenschaltung

B2HZ 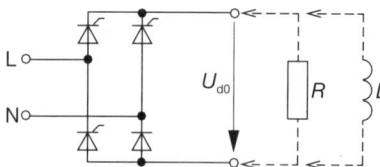 $U_{d0} = 0,9 \cdot U_{LN}$

B2HK 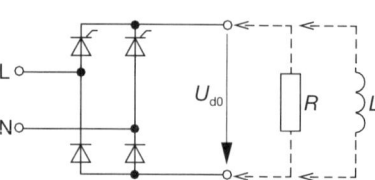 $U_{d0} = 0,9 \cdot U_{LN}$

Gesteuerte Dreipuls-Mittelpunktschaltung

M3C 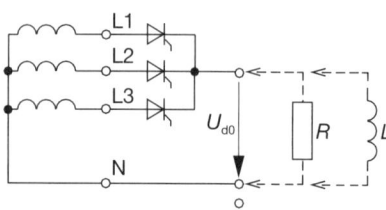 $U_{d0} = 0,68 \cdot U_{LL}$

Gesteuerte Sechspuls-Brückenschaltung

B6C 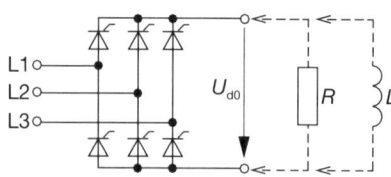 $U_{d0} = 1,35 \cdot U_{LL}$

19.3 Spannungsstabilisierung

19.3.1 Mit Z-Diode und Vorwiderstand

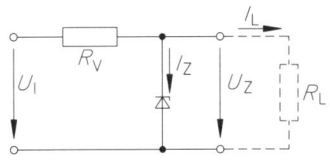

obere Grenze für Vorwiderstand:
$$R_{V\max} = \frac{U_{I\min} - U_Z}{I_{Z\min} + I_{L\max}}$$

untere Grenze für Vorwiderstand:
$$R_{V\min} = \frac{U_{I\max} - U_Z}{I_{Z\max} + I_{L\min}}$$

Verlustleistung im Vorwiderstand:
$$P_{RV} = \frac{(U_{I\max} - U_Z)^2}{R_V}$$

Verlustleistung der Z-Diode:
$$P_Z = \left(\frac{U_{I\max} - U_Z}{R_V} - I_{L\min}\right) \cdot U_Z$$

Zulässiger Z-Diodenstrom:
$$I_{Z\max} = \frac{P_{Z\max}}{U_Z}$$

Spannungsänderung an Z-Diode:
$$\Delta U_Z = \Delta I_Z \cdot r_Z \qquad r_Z \text{ differentieller Widerstand der Z-Diode im Arbeitspunkt}$$

Glättungsfaktor:
$$G = \frac{U_{W1}}{U_{W2}} = \frac{\Delta U_I}{\Delta U_Z} = \frac{R_V}{r_Z} + 1 \approx \frac{R_v}{r_Z}$$

Stabilisierungsfaktor:
$$S = G \cdot \frac{U_Z}{U_I}$$

Dimensionierungsvorschlag:
$$I_{Z\min} \approx 0{,}1 \cdot I_{Z\max}$$

19.3.2 Mit Z-Diode und Längstransistor

Ausgangsspannung:

$$U_Q = U_Z - U_{BE}$$

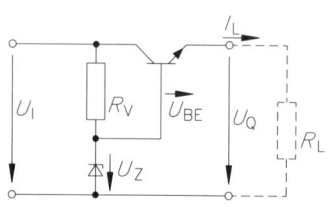

Basisstrom:

$$I_B = \frac{I_L}{B+1} \approx \frac{I_L}{B}$$

Strom in der Z-Diode:

$$I_Z = \frac{U_I - U_Z}{R_V} - I_B$$

Transistor-Verlustleistung:

$$P_T = (U_I - U_Q) \cdot I_L$$

obere Grenze für Vorwiderstand:

$$R_{V\,max} = \frac{U_{I\,min} - U_Z}{I_{Z\,min} + I_{L\,max}/B}$$

untere Grenze für Vorwiderstand:

$$R_{V\,min} = \frac{U_{I\,max} - U_Z}{I_{Z\,max} + I_{L\,min}/B}$$

19.4 Bipolartransistor als Schalter

a) Transistor sperrt

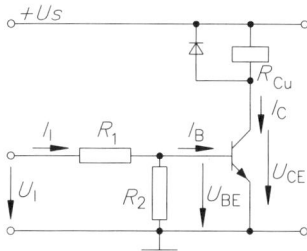

Kollektorstrom:
$$I_C = 0$$

Basisstrom:
$$I_B = 0 \quad \text{bei } U_{BE} \leq 0{,}5 \text{ V}$$

maximaler L-Pegel am Eingang:
$$U_{IL\,max} = U_{BE} \frac{R_1 + R_2}{R_2}$$

b) Transistor leitet (übersteuert)

Kollektorstrom:
$$I_C = \frac{U_S - U_{CEsat}}{R_{Cu}} \approx \frac{U_S}{R_{Cu}}$$

Basisstrom:
$$I_B = \frac{I_C \cdot ü}{B}$$

Übersteuerungsfaktor:
$$ü = \frac{B}{B'}$$

B garantierte Mindeststromverstärkung laut Datenblatt
B' erforderliche Stromverstärkung in der Schaltung

Eingangsstrom:
$$I_I = I_B + \frac{U_{BE}}{R_2}$$

minimaler H-Pegel am Eingang:
$$U_{IH\,min} = I_I \cdot R_1 + U_{BE}$$

Richtwerte für Dimensionierung (Siliziumtransistor)

für sperrenden Transistor:
$$U_{BE} \leq 0{,}5 \text{ V}$$

für leitenden Transistor:
$$U_{BE} \geq 0{,}7 \text{ V}; \quad U_{CEsat} \approx 0{,}2 \text{ V} \ldots 0{,}5 \text{ V}$$

Übersteuerungsfaktor:
$$ü \approx 2 \ldots 5$$

19.5 Linearverstärker mit Transistoren

19.5.1 Nf-Verstärker mit Bipolartransistor in Emitterschaltung

Kollektorstrom:
$$I_C = \frac{U_S - U_{CE} - U_E}{R_C}$$

Basisstrom:
$$I_B = \frac{I_c}{B}$$

Spannungsteiler:
$$R_2 = \frac{U_{BE} + U_E}{I_q}$$
$$R_1 = \frac{U_S - U_{BE} - U_E}{I_q + I_B}$$

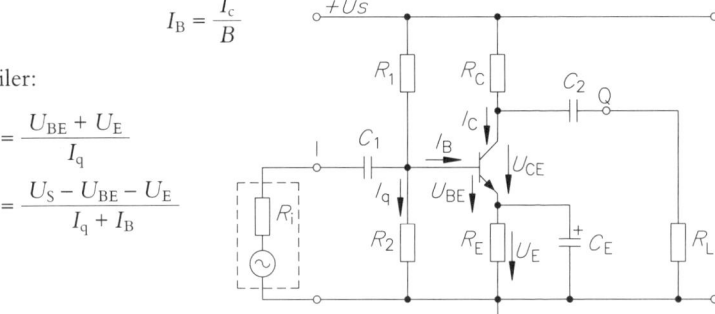

Richtwerte für Dimensionierung

$$R_C \leq R_L$$

Ausgangswiderstand:
$$r_Q = \frac{1}{\dfrac{1}{R_C} + \dfrac{1}{r_{CE}}} \approx R_C$$

$U_{BE} \approx 0{,}65\ V \qquad U_E \approx 1\ V \qquad I_q \approx 5 \cdot I_B$

$$U_{CE} \approx \frac{U_S - U_E}{2} \qquad \text{für maximale Aussteuerbarkeit}$$

$$C_E \approx \frac{10}{2 \cdot \pi \cdot f_u \cdot R_E} \qquad f_u \text{ untere Grenzfrequenz}$$

$$C_1 \approx \frac{10}{2 \cdot \pi \cdot f_u \cdot r_1}$$

Eingangswiderstand:
$$r_1 = \frac{1}{\dfrac{1}{R_1} + \dfrac{1}{R_2} + \dfrac{1}{r_{BE}}}$$

$$C_2 \approx \frac{10}{2 \cdot \pi \cdot f_u \cdot (R_L + R_C)}$$

19.5.2 Impedanzwandler mit Bipolartransistor in Kollektorschaltung (Emitterfolger)

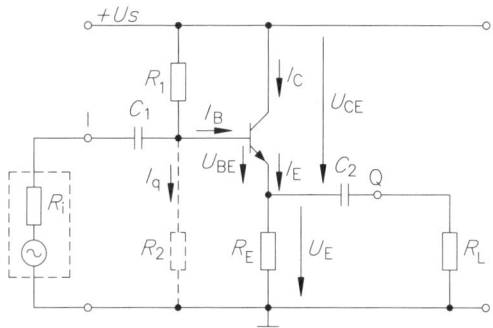

Kollektorstrom:

$$I_C = I_E - I_B \approx I_E = \frac{U_E}{R_E} = \frac{U_S - U_{CE}}{R_E}$$

Basisstrom:

$$I_B = \frac{I_C}{B} = \frac{I_E}{B+1} \approx \frac{I_E}{B}$$

Basisvorwiderstand ($I_q = 0$):

$$R_1 = \frac{U_S - U_E - U_{BE}}{I_B}$$

Basisspannungsteiler:

$$R_1 = \frac{U_S - U_E - U_{BE}}{I_B + I_q}$$

$$R_2 = \frac{U_E + U_{BE}}{I_q}$$

Eingangswiderstand:

$$r_I \approx (R_1 \parallel R_2) \parallel B \cdot (R_E \parallel R_L)^*$$

Ausgangswiderstand:

$$r_Q \approx \frac{R_1 \parallel R_2 \parallel R_i}{B} \parallel R_E^*$$

* Schreibweise für Parallelersatzwiderstand z. B.: $R_1 \parallel R_2 = \dfrac{1}{\dfrac{1}{R_1} + \dfrac{1}{R_2}}$

19.5.3 Nf-Verstärker mit FET in Sourceschaltung

Steilheit der Steuerkennlinie im Arbeitspunkt (aus Datenblatt):

$$S = \frac{\Delta I_D}{\Delta U_{GS}}$$

Spannungsverstärkung:

$$v_U \approx S \cdot \frac{1}{\frac{1}{R_D} + \frac{1}{R_L}}$$

Sourcewiderstand:

$$R_S = \frac{|U_{GS}|}{I_D}$$

Eingangswiderstand:

$$r_1 \approx R_G$$

Ausgangswiderstand:

$$r_Q \approx R_D$$

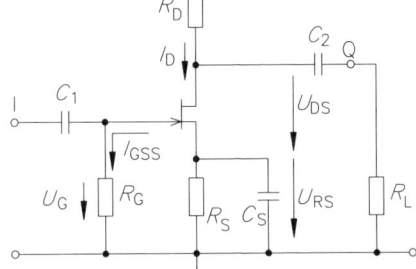

Richtwerte für Dimensionierung

$$R_D \leq R_L$$

$$U_{DS} \approx \frac{U_S - U_{RS}}{2} \quad \text{für maximale Aussteuerbarkeit}$$

R_G nur so groß, daß $U_G \ll U_{RS}$ auch bei größtem Sperrstrom I_{DSS}

$$R_G < \frac{0{,}1 \cdot U_{RS}}{I_{GSS}}$$

$$C_S \approx \frac{10}{2 \cdot \pi \cdot f_u \cdot R_S} \quad f_u \text{ untere Grenzfrequenz}$$

$$C_1 \approx \frac{10}{2 \cdot \pi \cdot f_u \cdot R_G}$$

$$C_2 \approx \frac{10}{2 \cdot \pi \cdot f_u \cdot (R_D + R_L)}$$

19.5.4 Sperrschicht-FET in Drainschaltung (Sourcefolger)

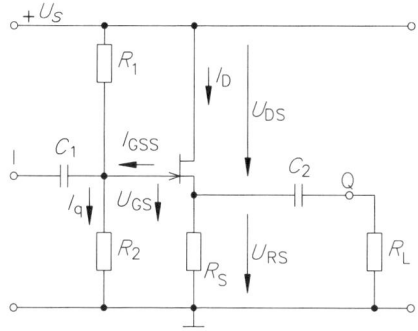

Steilheit der Steuerkennlinie im Arbeitspunkt (aus Datenblatt):

$$S = \frac{\Delta I_D}{\Delta U_{GS}}$$

Spannungsverstärkung:

$$V_U \approx 1$$

Eingangswiderstand:

$$r_1 \approx \frac{1}{\frac{1}{R_1} + \frac{1}{R_2}}$$

Ausgangswiderstand:

$$r_Q \approx \frac{1}{S + \frac{1}{R_S}}$$

Spannungsteiler:

$$R_1 \approx \frac{U_S - U_{RS} + |U_{GS}|}{I_q}$$

$$R_2 \approx \frac{U_{RS} - |U_{GS}|}{I_q}$$

Richtwerte für Dimensionierung

$U_{DS} \approx U_S/2$ für maximale Aussteuerbarkeit

$r_Q < R_L$

$I_q \gg I_{GSS}$ I_{GSS} größter Gate-Sperrstrom (bei ϑ_{max})

19.6 Operationsverstärker

19.6.1 Kenndaten von Operationsverstärkern

Datenvergleich, Verstärker unbeschaltet:

Eigenschaft	idealer Verstärker	realer Verstärker Bipolar-Eingang Typ 741	FET-Eingang Typ LF355
Spannungsverstärkung	∞	106 dB	106 dB
Eingangswiderstand	∞	2 MΩ	1 TΩ
Ausgangswiderstand	0	75 Ω	50 Ω
Gleichtaktunterdrückung	∞	90 dB	100 dB
Transitfrequenz	∞	1 MHz	20 MHz
Anstiegsgeschwindigkeit	∞	0,5 V/μs	50 V/μs

Spannungsverstärkung:

$$V_D = \Delta U_Q / \Delta U_I \qquad \text{(Differenzverstärkung)}$$

Eingangswiderstand:

$$R_L = \Delta U_I / \Delta I_I$$

Ausgangswiderstand:

$$R_Q = \Delta U_Q / \Delta I_Q$$

Anstiegsgeschwindigkeit:

$$\Delta U_Q / \Delta t \qquad \text{bei Spannungssprung am Eingang}$$

Gleichtaktunterdrückung:

$$V_D / V_{Gl}$$

V_D Differenzverstärkung
V_{Gl} Gleichtaktverstärkung

Transitfrequenz f_T, die Frequenz, bei der v_D auf 0 dB abgesunken ist.

Obere Grenzfrequenz eines OP-Verstärkers mit Gegenkopplung:

$$f_0 = \frac{f_T}{V_U}$$

19.6.2 Invertierender Verstärker

$V_u = -\dfrac{R_f}{R_1}$

$R_I = R_1$

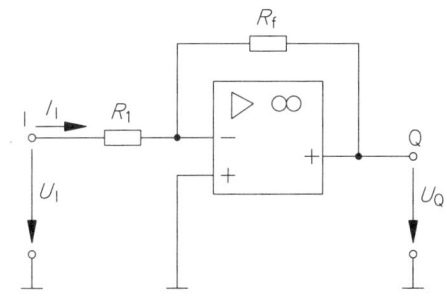

19.6.3 Nichtinvertierender Verstärker

$V_u = 1 + \dfrac{R_f}{R_1}$

$R_I \to \infty$

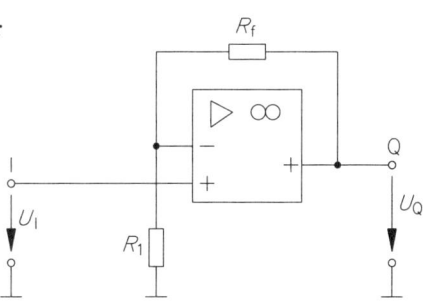

19.6.4 Impedanzwandler (Spannungsfolger)

$V_u = 1$

$R_I \to \infty$

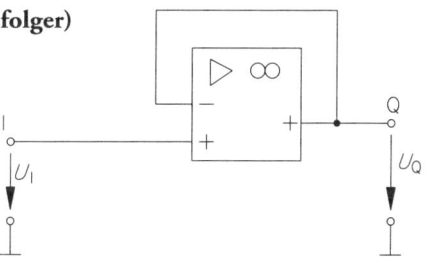

19.6.5 Summierender Verstärker (Addierer)

$U_Q = -R_f \left(\dfrac{U_{I1}}{R_{11}} + \dfrac{U_{I2}}{R_{12}} + \dfrac{U_{I3}}{R_{13}} \right)$

$R_{I1} = R_{11}$

Wenn $R_{11} = R_{12} = R_{13}$:

$U_Q = -\dfrac{R_f}{R_{11}} \cdot (U_{I1} + U_{I2} + U_{I3})$

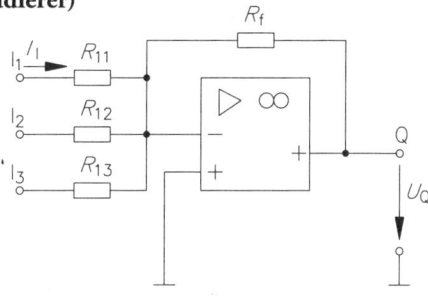

19.6.6 Subtrahierender Verstärker (Differenzverstärker)

Mit $\dfrac{R_f}{R_2} = \dfrac{R_3}{R_1}$:

$$U_Q = \dfrac{R_f}{R_2} \cdot (U_{I1} - U_{I2})$$

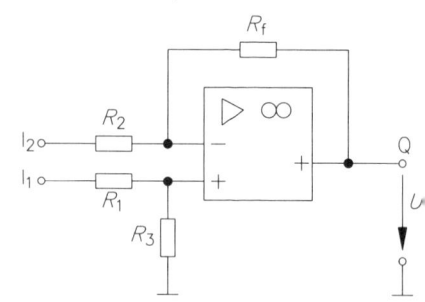

19.6.7 Schmitt-Trigger (invertierend)

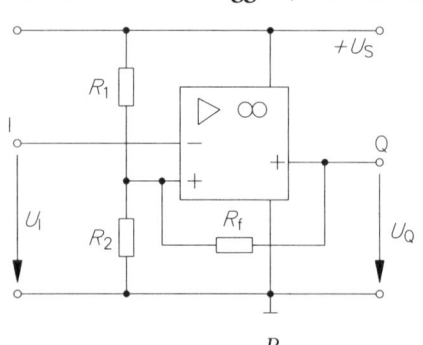

$$U_1 = U_S \cdot \dfrac{R_2}{(R_1 \,\|\, R_f) + R_2}* \qquad R_I \to \infty$$

$$U_2 = U_S \cdot \dfrac{R_2 \,\|\, R_f}{(R_2 \,\|\, R_f) + R_1}*$$

Hysterese:
$$\Delta U = U_1 - U_2$$

19.6.8 Integrierender Verstärker (Integrierer)

$R_f \gg R$ (Offsetkompensation)

$$\Delta u_Q = -\dfrac{U_I \cdot \Delta t}{R \cdot C} \text{ bei } U_I = \text{konstant}$$

Eingangswiderstand: $R_I = R$

Spannungsverstärkung
bei sinusförmigem Signal:

$$|V_u| = \dfrac{X_C}{R} = \dfrac{1}{2 \cdot \pi \cdot f \cdot R \cdot C}$$

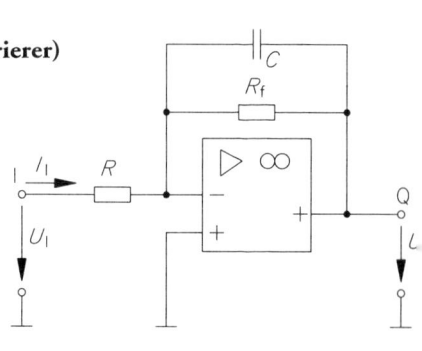

* Schreibweise für
 Parallelersatzwiderstand z. B.: $R_1 \,\|\, R_2 = \dfrac{1}{\dfrac{1}{R_1} + \dfrac{1}{R_2}}$

19.6.9 Differenzierender Verstärker (Differenzierer)

$$u_Q = -R \cdot C \cdot \frac{\Delta u_I}{\Delta t}$$

Spannungsverstärkung bei sinusförmigem Signal:

$$|V_u| = \frac{R}{X_C} = 2 \cdot \pi \cdot f \cdot R \cdot C$$

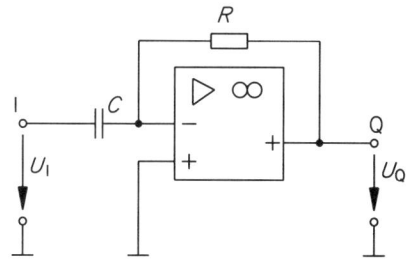

19.6.10 Konstantspannungsquelle

$$U_Q = U_Z$$

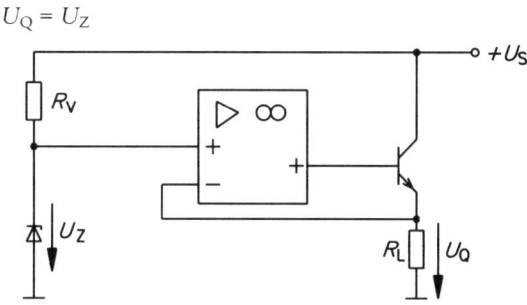

19.6.11 Konstantstromquelle

$$I = \frac{U_Z}{R}$$

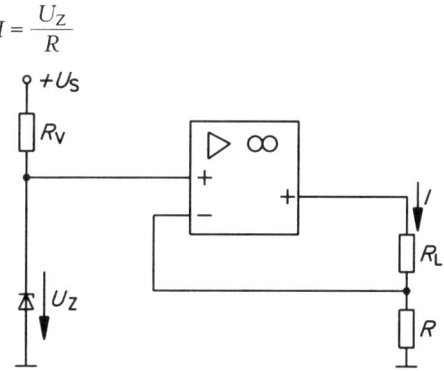

20 Funktionssymbole der Digital- und Steuerungstechnik

20.1 Verknüpfungsglieder

Benennung	Funktionssymbol	Wahrheitstafel B	A	Q	Funktionsgleichung
NICHT (NOT) (Negation)	A —[1]o— Q		0 1	1 0	$Q = \overline{A}$
UND (AND) (Konjunktion)	A —[&]— Q B —	0 0 1 1	0 1 0 1	0 0 0 1	$Q = A \wedge B$
ODER (OR) (Disjunktion)	A —[≧1]— Q B —	0 0 1 1	0 1 0 1	0 1 1 1	$Q = A \vee B$
NAND	A —[&]o— Q B —	0 0 1 1	0 1 0 1	1 1 1 0	$Q = \overline{A \wedge B}$
NOR	A —[≧1]o— Q B —	0 0 1 1	0 1 0 1	1 0 0 0	$Q = \overline{A \vee B}$
EXKLUSIV-ODER (EXOR) (Antivalenz)	A —[=1]— Q B —	0 0 1 1	0 1 0 1	0 1 1 0	$Q = A \wedge \overline{B} \vee \overline{A} \wedge B$
ÄQUIVALENZ EXNOR	A —[=]— Q B —	0 0 1 1	0 1 0 1	1 0 0 1	$Q = \overline{A} \wedge \overline{B} \vee A \wedge B$

20.2 Bistabile Kippglieder

Benennung	Funktionssymbol	Wahrheitstafel		
R S-Kippglied	A —[S Q]— B —[R]	A B Q 0 0 unverändert 0 1 0 rücksetzen 1 0 1 setzen 1 1 verboten		
R S-Kippglied mit Priorität für Rücksetzen	A —[S 1 Q]— B —[R1 1]	A B Q 0 0 unverändert 0 1 0 rücksetzen 1 0 1 setzen 1 1 0 rücksetzen		
R S-Kippglied mit Priorität für Setzen	A —[S1 1 Q]— B —[R 1]	A B Q 0 0 unverändert 0 1 0 rücksetzen 1 0 1 setzen 1 1 1 setzen		
R S-Kippglied mit Priorität für das zuerst eintreffende Signal	A —[G1/$\bar{2}$S Q]— B —[G2/$\bar{1}$R]	A B Q 0 0 unverändert 0 1 0 rücksetzen 1 0 1 setzen 1 1 unverändert		
$\overline{R}\,\overline{S}$-Kippglied	A —o[S Q]— B —o[R]	A B Q 0 0 verboten 0 1 1 setzen 1 0 0 rücksetzen 1 1 unverändert		

Taktgesteuerte, bistabile Kippglieder

Q_{tn} Zustand vor dem Taktimpuls
Q_{tn+1} Zustand nach dem Taktimpuls

	Schaltsymbol	A	B	Q_{tn+1}	
RS-Kippglied mit Taktzustandssteuerung	A—1S—Q, C—C1, B—1R	0 0 1 1	0 1 0 1	Q_{tn} 0 1 –	unverändert rücksetzen setzen verboten
JK-Kippglied, einflankengesteuert (mit abfallender Flanke)	A—1J—Q, C—▷C1, B—1K	0 0 1 1	0 1 0 1	Q_{tn} 0 1 $\overline{Q_{tn}}$	unverändert rücksetzen setzen Änderung
JK-Master-Slave-Kippglied, zweiflankengesteuert (Vorbereitung mit ansteigender und Ausgangsänderung mit abfallender Flanke)	A—1J—Q, C—▷C1, B—1K	0 0 1 1	0 1 0 1	Q_{tn} 0 1 $\overline{Q_{tn}}$	unverändert rücksetzen setzen Änderung
T-Kippglied, Binärteiler (Frequenzteiler)	C—▷T—Q			$Q_{tn+1} = \overline{Q_{tn}}$	

	Schaltsymbol	C	A	Q_{tn+1}	
D-Kippglied Zustandsgesteuert	A—1D—Q, C—C1	0 0 1 1	0 1 0 1	Q_{tn} Q_{tn} 0 1	unverändert unverändert rücksetzen setzen

	Schaltsymbol	A	Q_{tn+1}	
D-Kippglied Zweiflankengesteuert	A—1D—Q, C—▷C1	0 1	0 1	rücksetzen setzen

20.3 Monostabile Kippglieder, Verzögerungsglied

Benennung	Funktionssymbol	Signal-Zeit-Diagramm
monostabiles Kippglied allgemein (MF)		
MF nicht nachtriggerbar mit Angabe der Impulszeit, Triggerung mit ansteigender Flanke		
MF nachtriggerbar mit Angabe der Impulszeit, Triggerung mit ansteigender Flanke		
Verzögerungsglied mit Angabe der Verzögerungszeiten		

20.4 Zähler, Schieberegister (Beispiele)

in vereinfachter Darstellung mit Steuerblock

Benennung	Funktionssymbol	Bemerkung
4-Bit-vorwärtszählender Dualzähler von 0 bis 15 (Teiler durch 16).	CTRDIV16 C —▷+ $\overline{R}$ —o R ⌐ Q_A ⌐ Q_B ⌐ Q_C ⌐ Q_D	Bei jeder abfallenden Flanke an C erhöht sich der Zählerinhalt um den Wert 1 (wenn am Rückstelleingang $\overline{R}$ = 1).

dezimaler Vor-/Rückwärtszähler (BCD-Zähler, Zähldekade) mit Eingängen für paralleles Laden.	CTRDIV10
	C_1 —●—▷2+
	        G1
	C_2 —●—▷1−
	        G2
	C_3 —▷C3
	     R
	I_A — 3D[1] ⌐ Q_A
	I_B — 3D[2] ⌐ Q_B
	I_C — 3D[4] ⌐ Q_C
	I_D — 3D[8] ⌐ Q_D
		Wenn C_2 = 1, erhöht sich der Zählerinhalt mit jeder abfallenden Flanke an C_1 um den Wert 1. Bei C_1 = 1 erniedrigt sich der Zählerinhalt bei jeder abfallenden Flanke an C_2 um den Wert 1. Mit der abfallenden Flanke an C_3 übernimmt der Zähler den an den Paralleleingängen I_A bis I_D anstehenden Wert.

4-Bit-Schieberegister rechtsschiebend mit Eingängen für paralleles Laden.	SRG4 C_1 —▷C1→ C_2 —▷C2 I_S — 1D I_A — 2D ⌐ Q_A I_B — 2D ⌐ Q_B I_C — 2D ⌐ Q_C I_D — 2D ⌐ Q_D	Mit der abfallenden Flanke am Eingang C_1 erfolgt die Verschiebung des Inhalts um eine Stelle höher (nach unten). Das am seriellen Eingang I_S anliegende Signal wird in das erste Kippglied übernommen. Mit der abfallenden Flanke an C_2 übernimmt das SRG den an den Paralleleingängen I_A bis I_D anstehenden Wert.

20.5 Automatisierungstechnik (Befehlsdarstellung)

Kurzform	Ausführliche Darstellung
Schritt	
nichtspeichernder Befehl	
nichtspeichernder, verzögerter Befehl	
speichernder Befehl	

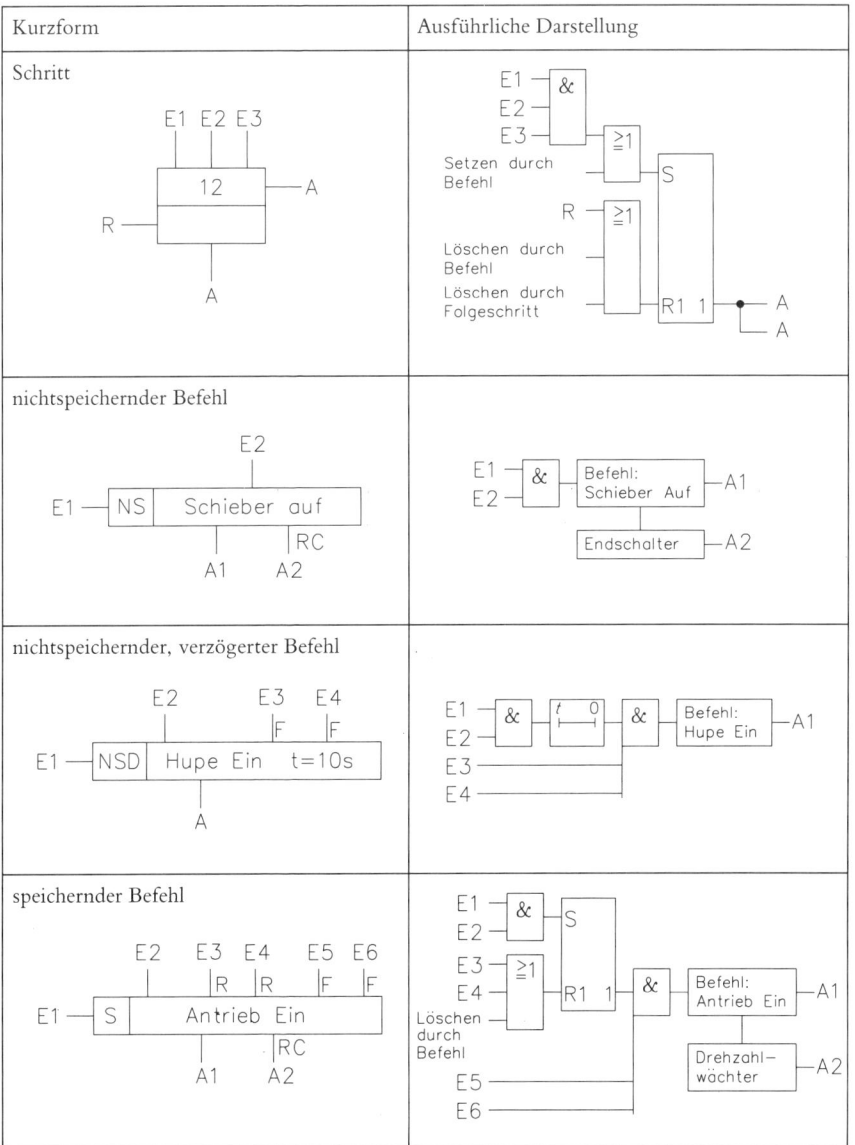

Kurzform	Ausführliche Darstellung
speichernder und verzögerter Befehl 　　　　E2　E3　E4　　E5　E6 　　　　│　│R　│R　│F　│F E1 ─┤SD│ Ventil Auf, t=2min 　　　　│　　　　　│RC 　　　　A1　　　　A2	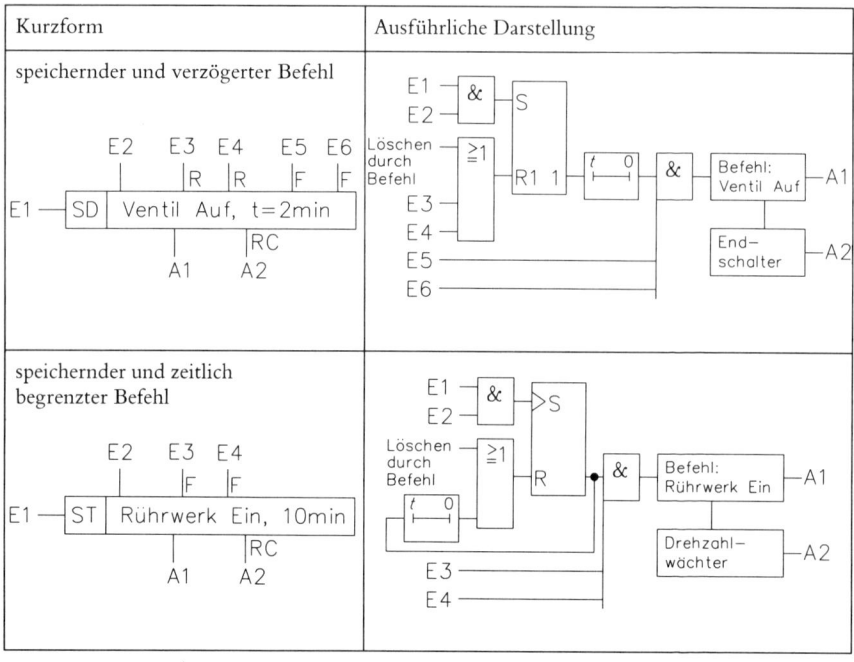
speichernder und zeitlich begrenzter Befehl 　　　E2　E3　E4 　　　│　│F　│F E1 ─┤ST│ Rührwerk Ein, 10min 　　　│　　　│RC 　　　A1　　A2	

21 Tabellen

21.1 Materialkonstanten einiger Stoffe (bei $\vartheta = 20\,°C$)

Stoff	elektrische Leitfähigkeit $\gamma;\ \kappa$ in $\dfrac{m}{\Omega \cdot mm^2}$	Dichte ρ in $\dfrac{kg}{dm^3}$	spezifische Wärmemenge c in $\dfrac{J}{kg \cdot K}$	Temperaturbeiwert des elektr. Widerstands α in $\dfrac{\Omega}{\Omega \cdot K} = \dfrac{1}{K^{-1}}$	elektrochemisches Äquivalent c in $\dfrac{mg}{A \cdot s}$
Aluminium	36	2,7	891,8	$4,0 \cdot 10^{-3}$	$9,4 \cdot 10^{-2}$
Blei	4,8	11,34	125,6	$4,2 \cdot 10^{-3}$	$1,072$
Bronze	36	8,5	388	$5,0 \cdot 10^{-3}$	
Chromnickel	1	8,5	460,2	$7,0 \cdot 10^{-4}$	
Eis		0,9	2093,4		
Eisen	10	7,85	460,2	$5,8 \cdot 10^{-3}$	$2,89 \cdot 10^{-1}$
Gold	43,5	19,3	133	$3,8 \cdot 10^{-3}$	$6,81 \cdot 10^{-1}$
Konstantan	2	8,8	418,7	$\pm 4,0 \cdot 10^{-5}$	
Kupfer	56	8,9	385	$3,9 \cdot 10^{-3}$	$3,28 \cdot 10^{-1}$
Messing	13,5	8,5	388	$1,5 \cdot 10^{-3}$	
Nickelin	2,5	8,8	395,5	$\pm 1,5 \cdot 10^{-4}$	$3,04 \cdot 10^{-1}$
Öl		0,91	1674		
Silber	62,5	10,5	244,2	$3,6 \cdot 10^{-3}$	$1,118$
Stahl	7,7	7,85	477	$5,2 \cdot 10^{-3}$	
Wasser		1	4186,8		
Wolfram	18,6	19,3	133	$4,8 \cdot 10^{-3}$	
Zink	15,9	7,2	388	$3,7 \cdot 10^{-3}$	$3,39 \cdot 10^{-1}$

21.2 Internationale Normreihen

E 6	1,0			1,5			2,2			3,3			4,7			6,8	
E12	1,0		1,2	1,5		1,8	2,2		2,7	3,3		3,9	4,7		5,6	6,8	8,2
E24	1,0	1,1	1,2	1,3	1,5	1,6	1,8	2,0	2,2	2,4	2,7	3,0	3,3	3,6	3,9	4,3	4,7	5,1	5,6	6,2	6,8	7,5	8,2	9,1

Toleranzen zu den einzelnen Reihen sind: E6: ±20%; E12: ±10%; E24: ±5%

21.3 Internationale Farbkennzeichnungen von Widerständen und Kondensatoren (bis Reihe E24)

Farbe der Punkte oder Ringe	Schwarz	Braun	Rot	Orange	Gelb	Grün	Blau	Violett	Grau	Weiß	Gold	Silber	ohne Farbe
Bedeutung													
1. Ring: 1. Ziffer	–	1	2	3	4	5	6	7	8	9	–	–	–
2. Ring: 2. Ziffer	0	1	2	3	4	5	6	7	8	9	–	–	–
3. Ring: Multiplikator	1	10	10^2	10^3	10^4	10^5	10^6	10^7	10^8	10^9	0,1	0,01	–
4. Ring: Toleranz in %	–	±1	±2	–	–	±0,5	–	–	–	–	±5	±10	±20
5. Ring*: Betriebsspg. in V	–	100	200	300	400	500	600	700	800	900	1000	2000	500

Werte in Ω oder pF

Die Farbkennzeichnung von Widerständen entspricht DIN 41 429
* Bei Kondensatoren werden meist 5 Punkte oder Ringe verwendet.

Widerstände der Reihen E48 (±2%) und E96 (±1%) benötigen drei Ziffern und sind durch fünf Farbringe mit folgender Bedeutung gekennzeichnet:
1. Ring = 1. Ziffer; 2. Ring = 2. Ziffer; 3. Ring = 3. Ziffer; 4. Ring = Multiplikator; 5. Ring = Toleranz

21.4 Kennzeichnung von Kondensatoren

a) nur mit Ziffern
1. Zahl = Nennkapazität in µF oder pF (muß aus Baugröße und -art erkannt werden)
2. Zahl = Toleranz der Nennkapazität
3. Zahl = Nennspannung

Bei Elektrolytkondensatoren sind meist nur Nennkapazität und Nennspannung angegeben:

Beispiele:
Kunststoff-Folienkondensator	10000/10/400	= 10 nF ±10% / 400 V
Kunststoff-Folienkondensator	0,47/20/100	= 0,47 µF ±20% / 100 V
Elektrolytkondensator	220/25	= 220 µF / 25 V

b) mit Ziffern und Buchstaben

1. Kennbuchstabe: Multiplikator:
p	10^{-12}	Pico
n	10^{-9}	Nano
µ	10^{-6}	Mikro
m	10^{-3}	Milli

2. Kennbuchstabe: Toleranzgrenzen:
B	±0,1%		W	+20% ... 0
C	±0,25%		Q	+30% ... –10%
D	±0,5%		R	+30% ... –20%
F	±1%		Y	+50% ... 0
G	±2%		T	+50% ... –10%
H	±2,5%		S	+50% ... –20%
J	±5%		U	+80% ... 0
K	±10%		Z	+80% ... –20%
M	±20%		V	+100% ... –10%
N	±30%			

Beispiele:
3n3K	3,3 nF ±10%
p470M	470 pF ±20%
22µR	22 µF +30% ... –20%

21.5 Bezeichnungsschema für Halbleiterbauelemente nach dem Proelektron-Typenschlüssel

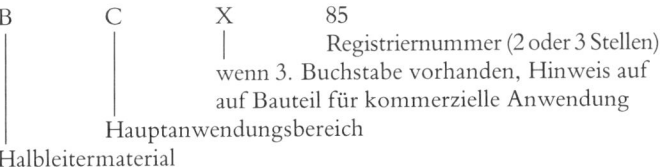

1. Buchstabe: Halbleitermaterial

A	Germanium
B	Silizium
	Verbindungshalbleiter (Gruppe III/V):
C	Galliumarsenid (z. B. für Leuchtdioden)
D	Indiumantimonid (z. B. für Hall-Generatoren und Feldplatten)
R	Fotohalbleitermaterial z. B. Kadmiumsulfid (Fotowiderstand)

2. Buchstabe: Hauptanwendungsbereich (bei Bauelementen höherer Leistung ist der thermische Widerstand zwischen Sperrschicht und Gehäuse $R_{thJG} \leq 15$ K/W)

A	Signaldiode
B	Kapazitätsdiode, Abstimmdiode
C	Transistor kleiner Leistung für Nf-Anwendung
D	Transistor höherer Leistung für Nf-Anwendung
E	Tunneldiode
F	Transistor kleiner Leistung für Hf-Anwendung
H	Hall-Feldsonde
K	Hall-Generator im magnetisch offenen Kreis
L	Transistor höherer Leistung für Hf-Anwendung
M	Hall-Generator im magnetisch geschlossenen Kreis
N	Optoelektronisches Koppelelement (Optokoppler)
P	Strahlungsempfindliches Element (z. B. Fotodiode)
Q	Strahlungserzeugendes Element (z. B. LED, IRED)
R	Schalterelement kleiner Leistung mit elektrischer Auslösung (z. B. Unijunction-Transistor)
S	Transistor kleiner Leistung für Schalteranwendung
T	Schalterelement höherer Leistung mit elektrischer Auslösung oder durch Strahlung (z. B. Thyristor)
U	Transistor höherer Leistung für Schalteranwendung
X	Vervielfacherdiode (Varaktordiode)
Y	Gleichrichterdiode
Z	Z-Diode, Referenzdiode, Spannungsbegrenzerdiode

3. Buchstabe: (wenn vorhanden)

weist auf kommerzielle Anwendung hin, d. h. engere Toleranzen und strengere Qualitätsprüfung.

Ziffern: Zwei- bis dreistellige, fortlaufende Registriernummer

Angehängte Zusatzbezeichnung bei Z-Dioden:
z. B. BZX 85–C5V6

Der erste Buchstabe gibt die Toleranz der Z-Spannung an:
A   1% (E96)
B   2% (E48)
C   5% (E24)
D   10% (E12)
E   20% (E6)

Die nachfolgende Zahl gibt die Nenn-Z-Spannung an, wobei das V die Stelle des Dezimalpunktes annimmt: 5V6 = 5,6 V

[*Fachwissen griffbereit*]

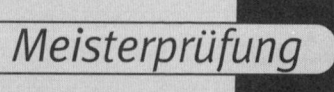

Boy, Hans-Günter/Dunkhase, Uwe

Elektro-Installationstechnik

- Elektrotechnische Normungen und Schutzmaßnahmen
- Niederspannungserdungsanlagen und Potentialausgleich
- Leitungen und Kabel, Mittelspannungsanlagen
- Niederspannungs-Verteilungsnetz und -Verbraucheranlagen
- Gebäudesystemtechnik (EIB)
- Fernmelde- und Antennenanlagen
- Installationsbestimmungen und praktische Installation

Folkerts, Enno/Friedrichs, Horst

Hausgeräte-, Beleuchtungs- und Klimatechnik

- Küchenplanung und Steuerung elektrischer Hausgeräte
- Groß-/Kleingeräte, EMV
- Lichttechnische Größen und Einheiten
- Projektierung von Beleuchtungsanlagen
- Raumklimatisierung und Lüftungstechnik
- Elektrische Heizungstechnik
- Installations- und Steuerungstechnik

 **VOGEL**   Vogel Buchverlag, 97064 Würzburg, Tel. (09 31) 4 18-24 19
Fax (09 31) 4 18-26 60, http://www.vogel-medien.de/buch

Stichwortverzeichnis

A
Abschaltstrom 57
Ampere 27
Anlagenerder 58
Antennenanlagen 69 ff.
ÄQUIVALENZ 102
Arbeit, elektrische 27
arithmetische Mittelwerte 54, 55
Auslösecharakteristiken 64
Automatisierungstechnik 107, 108

B
Bandbreite 47, 48
Beleuchtungsstärke 78, 79
Beleuchtungstechnik 78, 79
Beleuchtungswirkungsgrad 79
Berührungsschutz 57
Beschleunigung 25
Bipolartransistor 82
Blindleistung 39
Blindleistungskompensation 43
Blindwiderstand 38
Blitzschutz 69
Brückenschaltung 32
Brummspannung 85 ff.

C
Coulomb 27, 34

D
Dämpfungsmaß 72
Darlingtontransistor 82
DIAC 84
Dichte (Tabelle) 24 (109)
Dielektrizitätszahl 34
Differenzierer (OP) 101
Digitaltechnik 102 ff.
Dioden 81, 82

Drahtlänge 24
Drainschaltung 97
Drehfeldmotor, -drehzahl 50
Drehmoment 23
Drehstromverbraucher 44
Dreieckschaltung 44
Dreiphasenwechselspannung 44
Durchflutung 35
Durchschlagfestigkeit 34
Dynamik 26

E
Effektivwerte 54, 55
e-Funktion 53
elektrisches Feld 34
Elektrizitätsmenge 27
elektrochemisches Äquivalent 28
– –, Tabelle 109
Emitterfolger 95
Energie
– im Kondensator 26
–, mechanische 34
Erdungswiderstand 58
E-Reihen 110
Ersatzschaltbild
–, Spannungsquelle, -teiler 30, 31
Eulersche Zahl 51
EXOR, EXKLUSIV-ODER usw. 102
Exponentialfunktionen 53

F
Farad 34
Faradaysches Gesetz 28
Farbkennzeichnung, -code 110
Fehlerstromschutzschalter 58
Feldkonstante
–, elektrische, magnetische 34, 35
Feldplatte 80

Stichwortverzeichnis

Feldstärke
–, elektrische, magnetische 34, 35
Flächenberechnung 19
Fliehkraft 25
Fotodiode 81
Fotoelement 82
Fototransistor 82
Fotowiderstand 80
Frequenz 38
Füllfaktor 24
Funktionssymbole 102 ff.

G
geometrische Zeichen 17
Geschwindigkeit 25
Getriebe 23
Gewicht 24
Gewichtskraft 24
Glättungsfaktor
–, Siebglieder, Z-Diode 47, 90
Gleichrichterdiode 81
Gleichrichterschaltungen 85 ff.
Greinacherschaltung 88
Grenzfrequenz 45
griechisches Alphabet 18
GTO-Thyristor 84
Güte, Schwingkreis 48

H
Halbleiterbauelemente 80ff.
Hallgenerator 80
Hebelgesetz 23
Heißleiter 80
Henry 36
Herz 38
Hochpaß 45, 46
Hypotenuse 22

I
Impedanz 38
Impedanzwandler
– mit OP 99
– mit Transistor 95
Induktion 35
Induktionsgesetz 36
Induktivität 36
Infrarotdiode 81
Innenwiderstand
–, Spannungsquelle, -teiler 30, 31
Integrierer (OP) 100
IRED 81

J
J-FET 83
Joule 27

K
Kabelbemessung 59
Kaltleiter 80
Kapazität, elektrische 34
Kapazitätsdiode 82
Kaskadenschaltung, Gleichrichter 88
Kathete 22
Kennzeichnung von Kondensatoren,
  Widerständen 111
Kinematik 25
Kippglieder 103 ff.
Kirchhoffsche Gesetze 29
Kollektorschaltung 95
Kondensator 34
Konstantspannungsquelle
– mit OP 101
– mit Z-Diode 90, 91
Konstantstromquelle mit OP 100
Körperberechnung 19
Kraft 23, 25
Kräftediagramm 23
Kraftwirkung, magnetische 36
Kreisfrequenz 38
Kreisgüte 48
Kühlkörperberechnung 75 ff.
Kurzschlußschutz 67
Kurzschlußspannung 49

L
Ladekondensator 85
Ladevorgang, Kondensator 51, 52
Ladung 27
Läuferspannung, -frequenz 50
LDR 80
LED 81
Leistung, elektrische 27
–, mechanische 26
Leistungsanpassung 30
Leitfähigkeit, elektrische 28
– –, Tabelle 109
Leitungsbemessung 59
Leitungsschutzschalter 65
Leitwert, elektrischer 27
–, magnetischer 35
Leuchtdichte 79
Leuchtdiode 81

Lichtstrom, Lichtausbeute 78
Linearverstärker 94
Liniendiagramm 38
Lüftungswärmebedarf 74
Lumen 78
Lux 78

M
magnetfeldabhängiger Widerstand 80
magnetisches Feld, – Fluß 35
Magnetisierungskennlinien 37
Masse 24
Massenträgheit 25
Master-Slave-Kippglied 104
Materialkonstanten 109
mathematische Zeichen 16
MDR 80
Mechanik 23
Mischspannung 54, 55
Mischungstemperatur 73
Mittelpunktschaltung 85
Momentanwert, Wechselspannung 38
MOS-FET 83

N
NAND, NICHT, NOR 102
Nf-Verstärker 94 ff.
Normreihen 110
NTC-Widerstand 80

O
ODER 102
Ohm, Ohmsches Gesetz 27
Operationsverstärker 98 ff.
Ordnungszeichen 16

P
Parallelschaltung
–, Blindwiderstände 39, 40
–, ohmsche Widerstände 29
–, Transformatoren 49
Parallelschwingkreis 48
Pegelrechnung 72
Pegeltabelle, Antennen 69
Permeabilitätszahl 35
Permeanz 35
Permittivität 34
Phasenanschnitt 56
Phasenschieber 46
Planungsfaktor 79
Polpaarzahl 50

Potentialausgleich 59
Proelektron-Typenschlüssel 110
PTC-Widerstand 80
Pulsfrequenz 85
PUT 84
Pythagoras 22

Q
Querschnittsberechnung 59, 61

R
Raumindex, -wirkungsgrad 79
rechtwinkliges Dreieck 22
Reduktionsfaktoren 66
Reflexionsgrad 79
Reihenschaltung
–, Blindwiderstände 39, 40
–, ohmsche Widerstände 30
Reihenschwingkreis 48
Reluktanz 35
Resonanzfrequenz 47, 48
Ringleitung 60
rotatorische Bewegung 26

S
Schaltvorgänge am RC-Glied 51, 52
Scheinleistung 39
Scheinwiderstand 38
Schieberegister 106
Schleifenimpedanz 57
Schlupf, -drehfrequenz 50
Schmelzwärme 73
Schmitt-Trigger mit OP 100
Schneckengetriebe 23
Schottky-Diode 81
Schutzarten 57
Schutzleiterquerschnitte 58
Schutzmaßnahmen 57 ff.
Schwingkreise 47, 48
Selbstinduktion 36
Sicherungsnennströme 65
Siebfaktor, Siebglied 47
Siemens (Einheit) 27
Signaldiode 81
Solarzelle 82
Sourcefolger 97
Sourceschaltung 96
Spannung, elektrische 27
–, magnetische 35
spannungsabhängiger Widerstand 80
Spannungsfall, Leitungen 59 ff.

Spannungsstabilisierung 90, 91
Spannungsteiler, kapazitiver 45
–, ohmscher 31
Spannungsverdopplerschaltung 88
Sperrschicht-FET 83
spezifische Wärmemenge
 (Tabelle) 71 (109)
spezifischer elektrischer Leitwert
 (Tabelle) 28 (109)
– elektrischer Widerstand 28
Spule 24
Stabilisierungsfaktor 90
Statik 23
Steilheit 83
Sternschaltung 44
Steuerkennlinien, Gleichrichter 89
Stichleitung 60
Strom, elektrischer 27
–belastbarkeit 63 ff.
–dichte 28
–verstärkung 82

T
Tabellen 109 ff.
Tastverhältnis 54
Temperaturbeiwert (Tabelle) 33 (109)
Tesla 35
Thyristoren 84
Tiefpaß 45, 46
Trägheitsmoment 25
Transformator 49
Transistor als Schalter 93
Transistoren 82, 83
translatorische Bewegung 26
Transmissionswärmebedarf 74
TRIAC 84
Typenschlüssel 111

U
Übersetzungsverhältnis
–, Getriebe 23
–, Transformator 49
Übersteuerungsfaktor 93
UJT 83
Umfangsgeschwindigkeit 23, 25
UND 102
Unijunktiontransistor 83

V
Varistor, VDR 80
Verdampfungswärme 73
Verknüpfungsglieder 102

Verlegearten, Leitungen 62
Verstärker mit OP 99 ff.
– mit Transistoren 94 ff.
Verstärkungsmaß 72
Verzögerungsglied 105
Vierpole 45
Vierschichtdiode 84
Villardschaltung 88
Volt 27
Volumenberechnung 19
Vorsätze bei Einheiten 17

W
Wärme 73 ff.
–arbeit 73
–bedarf von Räumen 73 ff.
–durchgangswiderstand 73
–leitfähigkeiten 75
–leitwiderstand 73
–menge, spezifische 73, 109
–übergangswiderstände 74 ff.
–widerstand, Kühlkörper 75 ff.
Warmwassergerät 73
Wasserschutz, Schutzarten 57
Watt 27
Weber 35
Wechselstromgrößen 38
Wechselstromschaltungen 41, 42
Wellenlänge, elektromagnetische 70
Wellenpaketsteuerung 56
Welligkeit 85, 86
Wheatstone-Brückenschaltung 32
Wickelhöhe 24
Widerstand, elektrischer 27
–, induktiver, kapazitiver 38
–, magnetischer 35
–, spezifischer, elektrischer 28
Widerstandsänderung 33
Windlastberechnung 71
Windungslänge 24
Winkelbeschleunigung 25
Winkelfunktionen 22
Winkelgeschwindigkeit 25
Wirkleistung 39
Wirkungsgrad 50

Z
Zähler, Binärzähler 106
Zählerkonstante 39
Z-Diode 81
Zeitkonstante 51
Zündverzögerungswinkel 56

[*Fachwissen griffbereit*]

Böttle, Peter/Friedrichs, Horst

Mathematische und elektrotechnische Grundlagen

- Allgemeines Rechnen und Technisches Rechnen
- Darstellungen im Koordinatensystem
- Grundbegriffe der Physik und Chemie, Elektrochemie
- Elektrischer Widerstand, Schaltungen mit Widerständen
- Arbeit/Leistung/Energie
- Elektrisches Feld und Magnetisches Feld
- Wechselstromtechnik und Dreiphasenwechselstrom/-drehstrom

Siegismund, Horst

Werkstoffkunde

für Elektrotechniker, Informationstechniker und Elektromaschinenbauer

- Grundlagen der Werkstoffe
- Werkstoffe und Bauelemente der Elektrotechnik
- Verbindungen und Kontakte
- Eisenwerkstoffe, Verbund- und Sinterwerkstoffe
- Schmierstoffe und Wälzlager
- Werkstoffe im Elektromaschinenbau
- Korrosion und Korrosionsschutz

Vogel Buchverlag, 97064 Würzburg, Tel. (09 31) 4 18-24 19
Fax (09 31) 4 18-26 60, http://www.vogel-medien.de/buch